U0547687

午夜时分的心理课

英国约克大学心理学博士
黄扬名——著

·桂林·

午夜时分的心理课
WUYE SHIFEN DE XINLIKE

图书在版编目（CIP）数据

午夜时分的心理课 / 黄扬名著. -- 桂林 : 广西师范大学出版社，2025. 2. -- ISBN 978-7-5598-6499-4

Ⅰ. B84-49

中国国家版本馆 CIP 数据核字第 20244DF136 号

广西师范大学出版社出版发行
（广西桂林市五里店路 9 号　邮政编码：541004
网址：http://www.bbtpress.com）
出版人：黄轩庄
全国新华书店经销
广西昭泰子隆彩印有限责任公司印刷
（南宁市友爱南路 39 号　邮政编码：530001）
开本：787 mm × 1 092 mm　1/32
印张：7.375　　字数：150 千
2025 年 2 月第 1 版　　2025 年 2 月第 1 次印刷
印数：0 001~5 000 册　　定价：50. 00 元

序 / 夜深人静，让我陪你思考人生

中学的时候，因为读书会读到很晚，我通常会一边听着广播一边读书。那个时候很喜欢几位主持人，像风格呛辣的黎明柔、字正腔圆的李季准、像大哥哥般的光禹。如果比较晚入睡，还有机会听到王介安的《午夜琴声》。我很喜欢深夜有这些主持人的陪伴，也很喜欢他们在空中分享自己或是听友的心情故事。

或许因为自己是一个爱分享的人，所以觉得主持广播节目很酷，因为主持人可以尽情分享想跟听众说的故事，以及点播想要让他们听到的音乐。在大学担任导师，某部分也满足我想要跟人分享的瘾，因为学生会带着各式各样的难题来找我。有时候虽然不一定能够给他们答案，但总觉得能够用某种形式来陪伴他们，就是很有能量的一件事情。

两年多前，虽然（还）没有如愿成为广播主持人，但因为podcast（播客）的兴起，因缘际会让我开始做起自己的节目，也因而有机会成为《来勺多巴胺》podcast的主播。《午夜时分的心理课》这本书的前身，就是我为《来勺多巴胺》准备的内容。当时，我就希望通过节目来陪大家面对生活中的困境，并且找到一些出路。虽然节目不是设定在午夜首播，但我自己觉得很适合在午夜聆听，因此把书名定为《午夜时分的心理课》。

准备节目的过程虽然很辛苦——因为一周要更新两集，但我很享受这个过程，也非常感谢周遭朋友集思广益，让我有机会针对一些特别的主题进行分享，像是“钝感力”这样的概念，对我来说也是很有趣的。虽然当时没有特别划分主题类别，但经过整理，我把节目的内容分成了四大类：自我面对面、生活你我他、职场生存经以及感情华尔兹。

每个主题延续了心理课系列的传统，都有“心理学小科普”，让我帮大家科普一下。这次也在每个主题的最后，抛出一个问题让大家想想自己的人生。另外，每个主题也准备了一则“午夜小提醒”和大家共勉，期许这有画龙点睛的效果，让你看到自己人生的盲点。

如果你喜欢《午夜时分的心理课》这本书的内容，我要邀请你订阅《生活中的心理学博士电台》这个podcast，让我继续跟你分享生活中的点滴。因为现在一些平台都可以合法嵌入音乐，所以我的podcast也有所升级，每集会选择搭配主题的歌曲，也可以接受听友的点歌。在我还没有当上广播主持人前，就让我利用podcast，跟大家空中相会。

目录

I 自我面对面

——找到自我，不受期待干扰

II 生活你我他

——自由自在，不受情绪困扰

III 职场生存经

——轻松裕如，不受压榨霸凌

IV 感情华尔兹

——美好圆满，不受假象欺瞒

I

自我面对面

——找到自我，不受期待干扰

你的梦想是什么？
你的志向在哪里？
你总是追随别人的脚步前进？
找出自己的方向，走自己的路，
不因别人的期待改变，
你就能发现真正的自己。

01 先天重要，还是后天重要？

前两年皮克斯有部动画片《心灵奇旅》（*Soul*），描述一个中学乐队老师乔，他对爵士乐非常有热情，希望能够成为知名乐手，但总是差了临门一脚。他只能在中学教学生音乐，面对着一群对音乐没什么热情的孩子。有一天，他获得了参与知名乐手团队演出的机会，喜出望外之际，他居然意外身故了。阴错阳差之下，他来到了培训灵魂的“投胎先修班”（the great before），完成训练，灵魂才能重回地球。他在这里遇上了迟迟无法完成训练、编号22的灵魂。后续怎么发展，请大家自行观赏。

这部电影带出了很多值得思考的议题，我们先来探讨你是怎么成为你的。

你之所以为你，是先天还是后天造成？

在电影中，灵魂会被分配不同的性格，意味着你之所以为你，是先天因素造成的。但真是如此吗?

先天、后天，一直是发展心理学中的焦点。同卵双胞胎，因为基因相同，所以若他们的特性有高度一致性，就支持这个特性确实受到先天影响。通过亲生子女和养子女之间的比较，可以看出后天的影响，因为亲生子女和养子女之间，没有共通的先天条件，只有后天条件是相同的。

在这里跟大家分享一个有点残酷的研究。在1960年代，儿童心理学家彼得·纽鲍尔博士，刚好接手一个没有人抚养的三胞胎个案，他没有把这三个孩子送到同一个领养家庭，而是刻意把这三个孩子送到社经地位不同的家庭。这些领养孩子的家庭，也没有被告知他们领养的是三胞胎的其中一个。纽鲍尔博士每年还借着领养中心的名义，到这三个家庭去访视。

然而，终究纸包不住火，因为三胞胎其中两个先后进入同一所大学而相认了。这个消息上了新闻之后，第三个兄弟看到了电视上有两个跟他长得一模一样的人，感到很惊奇，也跟他们相认了。三兄弟相认的时候，发现彼此不论是外貌、性格或是喜好都有高度的一致性，强化了先天因素对一个人的影响很重要的事实。不过，他们还是有一些差异，其中一个兄弟有忧郁症，后来也因为兄弟间的争执，选择结束自己的生命。

大家若对这三胞胎的故事有兴趣，不妨找找纪录片《孪生陌生人》（*Three Identical Strangers*），可以知道更多关于他们的故事。

@心理学小科普·基因的影响比学校更大吗？

在亚洲地区，家长们很喜欢让孩子去念好的学校，因为家长们认为，孩子如果念了这些好学校，就可以有比较好的未来。但是，一个在英国进行的研究发现，学生的基因差异，比起念的学校类型（不用筛选就能入学的学校vs需要通过考试筛选入学的学校），更能够解释学生们考试的表现。也就是说，在考试表现上，可能先天的影响比后天的影响更大。

但是，如果把入学标准纳入考虑，则连基因影响都下降了，这不是说先天影响不重要，而是先天影响提前反映在能否入学上。所以，与其执着于要进入名校，或许还不如帮助孩子了解自己的天性重要！

撇开这个研究不说，其实很多研究都发现，**人们多数的特性基本上都不单纯是先天或是后天所造成的影响，而是先天与后天交织来共同影响的**。不过，如果你问我，到底哪个影响大？我个人其实觉得，先天影响或许大一些，至少在观察我家两个孩子的性格发展等等的特性时，我和太太对于两兄弟一些差异性极大的作风，感到非常不可思议。两兄弟在满月前的性格就有很大的差异，哥哥比较安静，不太会哭闹，然而弟弟却很需要关注，要感觉你一直有在注意他。现在哥哥已经十二岁、弟弟八岁，两人的差异越来越明显，让人不得不赞叹孩子天生性格的影响。

“先天”已无法改变，可以靠“后天”来让改变发生

不过，除了少数遗传性造成的疾病，很多关于你这个人的特质，都是可以通过后天经验而改变的。一个在美国和

日本长期追踪的研究结果显示，人们的性格会随着年纪而改变，人的外向、神经质程度，会随着年纪下降，但是亲和性则会随着年纪增加。这显示后天经验会对一个人造成影响，不过到底是年纪还是经历造成这样的影响，基本上很难区分。但是，不论是年纪或是经历，都不是先天的因素，而是后天的因素对人产生了影响。

口足画家杨恩典，一出生就没有手，人生差点就被放弃。在她三岁的时候，蒋经国到育幼院，当时的她对他说："我没有手。"蒋经国告诉她："虽然你没有手，但是你还有脚，脚可以做很多事。"因为这件事，她开始练习用脚做各种事情，认真学习，最终成为国际知名的口足画家。

我想绝大部分的朋友，应该没有像杨恩典一样，被剥夺了多数人用来做某件事情的能力。**那么，你是否该停止埋怨自己先天不足，而把焦点放在自己该如何努力呢？也就是说，我们每个人都该为自己的样貌负责，而不是归咎于"这是天性、我无能为力"**。

@人生想一想

虽然有很多励志的故事都告诉我们"有志者，事竟成"。我不否认，在一些情境下，努力能够帮你换来成功。但是，**如果有人只要一分的努力，就比你投入十分的努力还要成功，你为什么还执意要做那件事情呢？**

发明大王爱迪生曾经说过："假如你让一条鱼爬树的话，它会永远相信自己是一个笨蛋。"或许很努力的鱼真的可以爬树，可是它终究没办法比擅长爬树的猴子来得快。那么，为什么非得要当一条会爬树的鱼呢？

@午夜小提醒

每个人都有最适合自己做的事情，与其靠后天努力来做好自己不擅长的事情，你更应该花时间找到自己的天命，并且好好发挥。

02 人生就该立志和圆梦吗?

有些人好像从出生起就很笃定自己的志向，像霍默·希卡姆（Homer Hickam），受到苏联发射人造卫星的启发，高中在家制作火箭，还差点把家给烧掉，成年后如愿成为太空科学家。也有些人不清楚自己要做什么，在成长过程中，顺着别人的意思，却也小有成就。还有一些人，不清楚自己要什么，却只想做自己想要的事情，结果人生就像被冻结了一般，没什么进展。

《心灵奇旅》中的主角乔，并非很早就知道自己对爵士乐的兴趣。有一次父亲强拉着他去听现场的爵士乐表演，他从此对爵士乐一见钟情。这并非完全不可能，但是对自己的志向很清楚的人本来就极为稀少，只是这些人的影响力被放大了，以至于我们会觉得不了解自己的志向，好像是很糟糕的事情。

志向、梦想在华人的世界中，有时更是一个沉重的包袱。即使到了现在，不论是在中国，还是在海外的华人，都还是背负着父母亲友的期盼，似乎总要有个好工作、赚大钱，才能光宗耀祖。**很多华人可能一直到了成家立业，都没有真正想过他自己要的是什么，他只是在成就其他人希望他成就的事情**。

志向是什么？

在进一步讨论到底该怎么看待志向这件事情之前，或许我们该先梳理清楚，到底什么是志向。

日本有一个人叫森本祥司，离开原本的工作岗位后，他想试试看当个什么都不做的陪伴者。一开始，只要你有需求，并且支付旅费，他就会免费提供陪伴服务。2020年开始，因为业务量太大，他才开始收费。你可能会觉得，当一个什么都不做的陪伴者，怎么可能成为志向？但他这两年多，就一直在做这件事情，也小有成就。所以，只要一件事情是你喜欢做的，都可以是你的志向。

但是，要怎么找到自己喜欢做的事情呢？你不一定要很早就找到自己的志向，但是你不能停止探索，觉得自己对什么都没兴趣，就浑浑噩噩过日子。只要你持续去探索，就有机会找到那件你喜欢的事情。

持续探索比及早确认志向更重要

至于为什么说不一定要很早就找到自己的志向，那是因为早点找到和晚点找到各有优缺点。《心灵奇旅》中的乔，因为在中学就认定自己要成为一个爵士乐乐手，所以满脑子就只想着当乐手这件事。这虽然让他可以在音乐上有很好的发展，但也局限了他的思考，他的生活中似乎只有音乐，别无其他。相形之下，22因为还没有确定自己的志向，所以他带着开放的心态来看待这个世界，即便是寄生于乔的身体，他也开拓了很多可能性。

权威财经杂志《福布斯》发行人里奇·卡尔加德（Rich Karlgaard）出版过一本书《大器晚成》（*Late Bloomers: The Power of Patience in a World Obsessed with Early Achievement*），内容主要在谈，你不一定要急着找到自己的志向、早早就发

光发热，书中也提到**好奇心、探索和发现才是他的最大驱动力，只要愿意持续保持这样的心态，那么晚点确立志向，或许也不是件坏事呢！**

@心理学小科普·有志向，并且监控自己的进度，让你更容易成功

虽然大家常常在岁末年初，定了一些自己一年之后也无法实现的目标。但是，研究发现，如果要达成的目标不是那么遥不可及，那么制定目标本身，就能大大提升你达成目标的概率（33%）。如果你担心制定目标还不够，那么你就要持续监控自己的进度，这件事情也有助于达成目标。有研究显示，目标的制定对于能否达成目标的影响比较大；然而，自我监控则对于自我效能，以及正面情绪有益。所以，如果想要圆梦，就要先帮自己制定一个比较可行的梦想，并且追踪自己的进度，那么你就离这个梦想更近了。

生命中最重要的事

前面我们谈了志向和梦想，但是一个人生命中最重要的事情，就是完成自己的抱负、帮自己圆梦吗？答案恐怕不是这么简单。

很多时候，我们会认为某件事情很重要，觉得非完成不可。但是，在完成之后，反而有一种空虚、落寞的感受。为什么呢？

可能是因为这件事和我们预想的不大一样，也有可能是因为我们顿时失去了人生的方向，但我自己觉得最主要的原因在于：我们自始至终都放错重点。**做一件事情的过程，带给我们的启发，其实远比这件事情的结果重要。只是，我们往往忽略了欣赏过程中的美好，而只专注在最终的成果。**

也就是说，**生命中最重要的事，或许根本就不该是具体要成就什么，而是时时刻刻都能够享受生命的美好。**

要这般洒脱真的很不容易，特别是当你已经成年，要为自己负责之后。没有工作，就没有收入，就没有办法缴房租、没办法和朋友去外面餐叙，当然也没办法去看电影、旅行……如果一个人的人生重心，就放在体验、享受人生，肯定会被其他人当成异类，认为他不切实际，不肯为自己的人生负责。

但是，从另一个角度去想，你过着睡醒就上班、下班倒头就睡的生活，虽然收入优渥，却根本没时间好好坐下来看本书、吃顿饭，因为工作忙碌，你吃东西总是随便吞几口，往往回家倒头就睡。这样真的比较好吗?

有个心理学研究调查了二十～八十岁的人对生命价值的追求，结果发现，六十岁是一个关键，这个年纪的人最清楚自己存在的价值，也比较没有找寻价值的需求。比这个年纪更老或更小的人，寻找价值的百分比都会提升。

也就是说，这是一个持续进行的过程，每隔一段时间，你就该检视一下自己的状态，做一些调整，就不会迷失在人生的旅途中。

@人生想一想

在我们的文化中，好好听话似乎比圆梦更受到肯定。久而久之，我们好像失去了做梦、圆梦的能力。如果你不知道自己为什么而活，那么你在遭遇挫折的时候，肯定很容易就会失去动力。相对地，**如果你知道自己想要做什么，那么就算遇到再艰困的挑战，你都不一定会因此停滞不前**。要知道自己的志向，听起来很难，实际上也不容易。但是，**你不需要一开始就有一个很明确的目标，可以先从一个大方向着手**，通过不断的体验、修正，逐步找到自己的志向。

@午夜小提醒

宁愿当个暂时没办法圆梦的人，也不当一个没有梦想的人。

03 做自己，还是符合社会期待？

在我的系里，每位老师被分配带一个班，而我带的导生班要毕业了。面对即将毕业的不确定性，学生有很笃定方向的，像是要继续念研究所；有的虽然也是要念研究所，但其实根本不知道自己想要念什么；有一些是打定主意毕业后就要去工作，也获得了几家企业的工作机会；也有一些人，没那么想要工作，但家里有事业，被叫回家准备接班。最后就剩一些逃避面对研究所、工作的学生，故意延毕，认为还需要更多时间来思考自己的未来。

毕业前的挣扎与规划

我想起自己当年要毕业时，同样有不少挣扎。我爸爸问我：“你大学毕业后想做什么？”我那时候其实很慌，因为我大学的成绩很差，念的科系是我不感兴趣的。要大学毕业了，真的没有办法依据自己的专业来找工作，连要考研究所都很勉强。不过，我在大三的时候就蛮确定自己想往心理学的方向发展，而就我当时的理解，我这种门外汉肯定要念一个硕士班，才能够跨到心理学领域。只是，念完硕士之后要干啥，我并没有自己的想法。

所以那时候我就跟我爸说：“我的短期目标是要考上心理学研究所，远程目标应该是念个博士，然后去大学当老师吧！”当时会这样说，完全只是因为我根本没别的想法，认为念了博士就只能够去大学当老师。

现在回头看当年我的规划，表面上看起来是在做自己想要做的事情，实际是依照社会的角色脚本来决定自己该做的事情。我前面提到的，那些听爸妈建议考研究所的学生也好、回去接管家业的学生也好，跟当年的我一样，都在做符合社会角色期待的事情。

@心理学小科普·社会角色理论

社会角色理论的概念，大概在1920年代才被正式提出，乔治·赫伯特·米德（George Herbert Mead）的一些理论被认为是社会角色理论的前身。

根据社会心理学家的区分，几种人类社会角色比较热门的分类方式包括：第一种是依据功能，这也是最主流的分法，我们会依据这个人的功能来做分类，像是我们在社会上会有不同职业区分的概念一样；第二种是依据象征性的互动模式来做分类，也就是说，你的角色可能是一个人的好朋友、一个人的儿子，至于好朋友或是儿子要扮演什么样的角色，会随着情境以及和这个人的关系呈现一种动态平衡；第三种严格来说不算是分类方式，而是去探讨到底人为什么会扮演什么样的角色，认为人们会想要模仿别人、对于角色有所期待，或是认为自己该扮演什么样的角色。

先确定自己的想法

我们常会觉得西方社会的人比较能做自己而不会受到束缚，其实是误解。西方社会只是在某些方面比较有包容性，所以允许有更多不同的社会角色。就像我十几年前在英国念书的时候，勾选性别就有好几个选项，而不是只有男、女两个选项而已。

他们虽然对于角色比较有包容性，但是对于每个角色要如何扮演，规范其实蛮严谨的。我记得在英国念书时，有一次要办一个手续，需要系里秘书签名同意，可是那天秘书不在，没有办法办理。我心里有点不高兴，但是我同学告诉我，英国人做事就是每个人有自己的本分，大家都不会逾越自己的角色。后来习惯了，我觉得这样一板一眼的做事风格，其实不是不通情理，而是对每个人角色的尊重。如果这件事由谁负责，只要他不在且没有授权给其他人，那么就要等这个人在的时候，才能决定事情该怎么做。

所以，在决定要做自己，还是做社会期待的自己之前，可以先思考一下，到底自己是因为不想做社会期待的自己，还是只是想做一个社会还没有期待的角色。比如说，你可能是想要当一个很有事业心的女生，并不是要刻意违反社会期待，你期待自己这样的角色能受到社会认可，只是刚好我们的社会对这样的角色还没有足够的包容性，所以你就陷入了那种到底要做自己还是不要做自己的纠结。

我自己的选择

在大学念生命科学系的时候，系上实验室的实习多数是要观察很细微的细胞、DNA 等等，但我不太能接受要去实验室实习。在被迫去了一年之后，我觉得自己实在没有办法继续做这样的研究，特别向系里争取，也要让我们可以去不同类型的实验室学习。因为我很喜欢看电影，大学时期也想办法往这条路前进，所以去当了电影公司的在校代表，帮他们贴海报宣传，或是卖卖电影票之类的。我也参加过电影《速度与激情》（*The Fast and the Furious*）第一部的企划宣传。甚至我还去电影院算过买票人数，因为公司担心有电影院会少报销售的票数，一天看了同一部电影好几次。汤姆·克鲁斯（Tom Cruise）来台湾的时候，我还是协助维持秩序的工读生。

从我念大学的过程就看得出来，一直以来，我不太在意别人怎么想，就是做那些我觉得自己想要做的事情，当然前提是这些都不会伤害到别人，所以我也没有太多顾虑。现在我在大学当老师，坦白说，我做的事情也不太符合社会对于大学老师的期待，或至少不符合学校对老师的期待。以学校的立场，会觉得老师应该好好做研究，多写点学术论文。但是我认为，大学老师最重要的任务应该是传递知识，不论是把知识传给学生还是社会大众。

所以，我基本上花很多时间与精力在做这样的事情。这样做虽然也有不错的收获，但同样有缺憾。比方说，我因为没有扮演好社会期待的角色，所以也无法获得这种角色会得到的报偿。假设我好好做研究，那么我应该会有不错的论文发表，然后会拿到研究经费、得到研究奖励等等，这些都是我现在比较难获得的。

@人生想一想

做自己其实要付出很多代价，所以请务必想清楚而不要贸然行动。不少人想要做自己，只是对现状不满，并非已经清楚自己的决定。或只是看到别人很容易获得社会认可的成功，所以就想要去做那件事，认为那就是自己真正想要的。

假设你的状况是还没想清楚自己要什么，那么我建议，你可以想想怎么在满足社会期待之余，也可以满足一下自己的期待。这样你就可以不用负担那么大的成本，也能够体验一下做自己的感受。如果持续一段时间之后，觉得真的找到自己喜欢的事情，而且能力足以转换跑道了，那么再切割社会期待的角色，其实会更合适。

@午夜小提醒

社会能够进步，靠的不是每个人是否能够做自己，而是我们是否能够满足对彼此的期待。

04 选择绚丽，抑或平淡？

我发现，在这个年代，大家似乎越来越看重短暂的享受，仿佛只要追求那短暂的快乐，生活就了无遗憾。很多人在追求绚丽新奇的事物时，其实没有深入思索，自己能否承担追求特殊事物的代价以及后果。

这件事其实相当复杂，包含了为什么绚丽新奇的事物会让我们着迷，以及在面对绚丽灿烂与稳定平实之间，我们到底又该如何选择呢？

限量版更好？

为什么光鲜亮丽的事物，会让人着迷呢？

有几种可能：一个就是这东西真的很美好，而我们喜欢追求美好的体验。而且，如果这个东西存在的时间越短暂，我们就会越想要拥有它，因为拥有稀缺的东西，会让我们有种莫名的优越感。

很多消费心理学的研究都显示，当一样东西被标记为限量，人们就会更加渴望它。甚至有时候这样东西根本不是你需要的，你也会因为它限量而想要拥有。这一点，我自己有很深的体悟，因为我很喜欢点限量餐点，即使这种餐点价格比较高，也没有品尝过。会出现这样的行为，就是受到“限量”概念的影响。

有些时候，我们不一定知道自己在追求的事物是否真的够绚烂，有可能只是因为别人都说那个好，就觉得自己也该去体验一下。2008年我在美国工作的时候，特别带着太太去纽约跨年，心想难得到了美国工作，就该跟着大家一起到时代广场去跨年。其实，除了知道人很多之外，我并不明白在时代广场跨年的特点到底在哪。我们晚上八点左右抵达纽约，太太觉得时间晚了，想要确定究竟有什么值得期待的，再评估要不要去。

我搜寻了一下，原来倒数的时候会有一颗水晶球从上方降下。太太一听，当机立断不要去看，因为天气实在太冷了，她觉得在酒店休息看转播比较实际。到了接近倒数时分，我们转到直播频道，看了好久，我都没看到水晶球在哪里。原来所谓的水晶球，就是一颗比篮球还要小的球，从一个高台降下来。

即便一个经验真的很奇特，对你也不一定利大于弊

哈佛大学的吉尔博教授做过的几个研究都证实，若只有少数人有绚丽的经验，那么对拥有这种经验的人来说，坏处反而比好处多。

@心理学小科普·新奇对于大脑的影响

绚丽的事物，很多时候是因为新奇，所以让人着迷。从大脑运作的观点来看，这完全合情合理。我们的大脑是一个很节省能源的器官，所以当它判定一样东西是旧的，那么它就会驱动既有的处理系统来运作。倘若这样东西反复出现，大脑的反应甚至会越来越不明显。相对地，如果大脑判定这是一样新奇的事物，就会特别有反应，因为它想要知

道，这样东西可能为自己带来什么好处以及坏处。
有一些人因为性格的关系，更着迷于追求新鲜的
事物。

其中一个实验把被试分成三个人一组，每个人都会先看一段影片，但其中有一个人看的影片和另外两个人不同。看相同影片的两个人，其中有一个会被指派为说故事的人，要在实验后半跟另外两个人分享这段影片的内容。

也就是说，每组的三个人各有不同角色：第一个人看了A影片，且必须针对影片内容跟另外两个人分享；第二个人看了A影片，只要听第一个人分享即可；第三个人看的是B影片，同样要听第一个人分享A影片的内容。

结果，第二个人虽然跟分享者看过同样的A影片，但是他依然觉得第一个人的分享让他感受比较好。这或许有部分是因为，和另一个人共享同样的经验。但吉尔博教授认为，**主要是因为我们听熟悉的故事时，所耗费的认知资源比较少，所以会有比较愉悦的感觉**。

这个研究还有另一个很有意思的发现，就是当他们请负责分享的人预测，听了他的分享之后，到底是跟他看同样影片的人还是跟他看不同影片的人会有比较愉悦的感受，结果

分享者大多误判看不同影片的人感受较佳。

不过，大家也别急着下定论，觉得还是过平凡日子就好，不要追逐什么特殊体验。来自美国康奈尔大学的研究发现，陌生人若分享了一种独特的经验，相较于分享一个普通经验，更能够促进彼此间的亲密程度。这一点，我就有个印象深刻的经验：有次参加一个聚会，要跟不认识的组员们分享一个自己最独特的用餐经验，我分享了之前去京都旅游，因为孩子要借厕所，阴错阳差去了一位米其林餐厅主厨自己开设的甜点店。想不到，有另一位组员也去过这间甜点店，我们因此快速熟了起来。

一瞬间的灿烂，值得花多少心力去追逐?

前面跟大家分析过，光鲜亮丽的事物对我们到底是好是坏。接着来讨论一下，为了得到这类的事物，到底该付出多少代价。

第一，**我要提醒大家，真的不要把华美的事物想得太美好，否则你可能会付出很高的代价。**

加州理工大学和斯坦福大学曾经做过一个研究，他们让被试喝下同样的红酒，但是他们告知其中一半的被试这款红酒是比较便宜的，告诉另一半的被试这款是限量的红酒。即使红酒一模一样，那些被告知红酒是限量款的，会觉得红酒更加可口，而且从脑部扫描的结果也显示，限量红酒带给他们的感受更好。

这结果听起来很吓人，因为只要你预期一样东西比较好，你就会觉得它是比较好的，也会愿意负担比较高的成本。

第二，我们在投入很高的成本之前，要想清楚一件事，那就是到底这个体验能持续多久。我想先泼大家冷水，即使再美好的体验，总有回归平静的一天。在心理学中有个概念叫趋向平均值（regression to the mean），就是说，我们的行为都会有趋向平均值的倾向，所以如果你一开始表现太差，那么你接下来有比较高的概率会进步，趋近于平均；相对的，如果你一开始表现很杰出，那么你接下来有很大概率会退步，同样也是趋近于平均。**也就是说，在壮阔美妙的经验之后，我们有比较大的概率会走下坡路。**

@人生想一想

日子过得四平八稳的人，往往羡慕那些高潮迭

起的人生；很讽刺的，那些生活光鲜亮丽的人，反而渴望平平淡淡地过生活。得不到的永远是最吸引人的，这是你要不断提醒自己的事情。

平淡也好，波澜壮阔也罢，都各有利弊，在选择之前，想清楚，自己的选择是否真的利大于弊。千万不要因为那个选项在当下更有吸引力，就毫不犹豫做了选择，你有很高的概率会后悔。没有人能告诉你，也不应该有人告诉你，人生该怎样才是对的。

@午夜小提醒

与其相信瞬间即是永恒，我更相信活在当下。

05 阶层高低有关系吗?

有一天我家老二气冲冲跑来跟我说:“我再也不要跟那个某某某当朋友了。”因为这个某某某和老二是蛮要好的朋友,我问他怎么回事。他说:“都是你的错……”我心想,你跟朋友吵架,干吗扯到我?我都还没问原因,他就说:“还不都是因为你钱赚太少,没有帮我买新玩具,他说如果我没有买到最新的玩具,就不跟我一起玩了。”讲完之后,老二就哭了起来。

那天我有点感慨,孩子怎么会因为玩具就跟朋友闹不愉快呢?但仔细想想,自己好像也会因为别人开好车、住豪宅而感到不舒服,觉得自己不如别人。连我们大人都会有这样的感受,又怎么能苛责孩子呢?

阶级的必然性

我在美国当博士后研究员的时候，有两位印度同事，他们还一起住，等于是整天都相处在一起。我本来以为他们两个人应该感情还不错，后来有次跟其中一个印度同事聊天才知道，原来他们属于不同种姓阶级，另一位属于比较高阶的种姓。因为种姓的关系，他们之间的互动有点卡卡的。他跟我说，如果在印度，他根本不可能跟较高种姓的人一起住。当时我有点讶异，觉得都已经21世纪了，怎么可能人们还这么重视来自家族的种姓制度。

对于有群居习惯的物种来说，有阶级是必然的事情，因为这样对族群来说才是有利的。社会阶级决定动物能吃饱还是会饿死、有后代还是无法生育、会受到保护还是会被推到狼群面前。对群居的动物来说，阶级地位或许就像重力，看不见却又影响甚巨。

@心理学小科普·社会阶层的影响面

英国卡迪夫大学的安东尼·曼斯蒂亚德（Antony Manstead）教授，曾在2018年发表一个研究。他发现，阶层较低的人比较缺乏自我控制感，会倾向认为自己无法改变环境。再者，相较于中产阶级，工人阶层更有同理心。另外，他也发现，现在的高等教育环境，是以中产阶级为主，而这样的现象会让其他阶层的人感到格格不入，导致无法通过教育获得阶层翻转的机会。所以，阶层的存在，绝对不是只对感觉层面有影响，在人的思考模式、行为偏好上都会产生影响。

为什么会因为阶层而感到焦虑?

如果阶层在群体中是必然的，那为什么我们要因此而焦虑呢？我觉得根本上是因为我们不希望跟别人不一样。若是周边的人都是阶层比你高的，或是比你低的，都会让你有焦虑的感受。因为你会觉得和这个人有壁垒，不知道要怎么和他打交道。

另外，我们可能从小到大都接触了很多对各个阶层的刻板印象，以至于对跟自己阶层不同的人有不少误解。其中的一些误解，又会间接让我们感到焦虑。比方说，你可能一直被教育说阶层高的人都很以自我为中心，不会考虑别人的感受。结果你被分配要跟一个阶层高的人合作某件事，你可能就特别忐忑，很担心能否跟这样的人好好相处。

但是要做到一视同仁，真的非常不容易。因为不同阶层的人，有各自习惯的生活哲学，有时还真是天差地远。像我有个比较富裕的朋友，有次说要招待我吃饭，谢谢我之前的协助。那顿饭，一个人的餐费就要六千元，我心想，用这样的钱，我们一家四口都能在别的餐馆吃得很满足了。

不知道大家有没有发现，为了避免因为阶层不同带来的尴尬，你会比较倾向跟自己状态差不多的朋友互动。因为这样的互动比较自在，不会觉得委屈了自己。但不得不跨出这舒适圈时，确实会让人容易担心自己的作为是不是会让对方不舒服，或是对方是不是会让自己觉得不如他们之类的。

社会阶级流动的可能

要从低阶层往上爬，真的不容易。你没有办法转换自己的阶层，并不全然是你的错，跟大环境也有很大的关系。世界经济论坛在2020年出版了一份报告书，当中依据五个指标，来评判一个国家的社会阶层是否容易变迁，也就是你的努力是否有机会带来改变。

这五个指标分别是医疗、教育、科技涉入、工作机会、社会福利体系。在八十二个评比的国家当中，前五名都是北欧国家，依序为丹麦、挪威、芬兰、瑞典、冰岛。美国是第二十七名，中国则是第四十五名。这可能和大家的印象有点不一样，因为不管是在中国或是在美国，都是“只要愿意努力，你就可以成功”。

为什么北欧国家的社会阶级比较容易流动呢？一个关键因素是，高税收，以至于个人财富之间不会有那么大的差距。也因为有高税收，所以社会福利好，人们在各个方面都能受到不错的照护。只是因为现在世界是一个地球村的概念，北欧国家这样的制度也受到不少挑战，比方说收入比较高的人，可能就会选择移民到其他国家，以便拥有较多的个人财富。

想清楚你期待自己在怎么样的位置，如果和自己的现状有落差，就要好好规划怎么努力。只是如果你把自己定位在非常高的阶层，那就不一定能靠自己的努力就实现，运气也扮演着一些角色。

@人生想一想

如果可以，我喜欢一个大家都平等的社会。但是坦白说，我觉得当一个群体的数量到达一定的程度，阶级制度就有存在的必要性，不仅对人类来说如此，对动物来说也是。所以，**与其去抗争阶级制度不该存在，更可行的做法是，认真思考制度可以怎样改善。**若既得利益者愿意放弃自己的利益，那么制度就有机会更完善。但要把已经放进自己碗里的东西夹给别人，还真不是一件易事。

@午夜小提醒

我们或许无法改变阶级制度，但我们可以让制度运作得更完善。

06 人生的痛苦都是自找的，为什么要自找苦吃？

我想问大家几个问题：如果现在你可以选择做两件事情，其中一件，做了之后会让你快乐；另外一件，做了之后会让你痛苦。请问你要做哪一件？我想多数人应该都会选择去做那件做了之后会让自己快乐的事情吧。

我再问问你，如果有人愿意招待你吃所有你喜欢吃的东西，想吃多少就吃多少，这应该是会让你快乐的事情，那你会不会想要这样做？这答案就有点复杂了，对吧？有人可能就会担心，如果自己拼命狂吃，不就会变胖，到时候还要减重，这快乐的事情似乎并不是真正让人快乐的事情啊！

为了痛苦之后的快乐

就像前面提过的，**快乐的事情也有会让你烦恼的面向；痛苦的事情，也有让你幸福的部分**。可是，我们真的是因为这样，才愿意承受痛苦吗？我不认为这是主要的原因。因为我们在做选择的时候，往往不会思考那么多。我们都是很表面的，比方说看到商品买一送一，往往不考虑售价就入手。或是看到打折幅度很大的时候，也会提高购物的意愿。

那我们为什么愿意忍受痛苦？原因更有可能是，我们其实是在追寻快乐，只是这个快乐伴随着痛苦，以致表面上看起来，像是我们在追求痛苦。实际上，**痛苦只是我们追求快乐的附属物**。

就像一些人，愿意寒窗苦读多年，只为了大考时有个好成绩。这并不是因为他们喜欢沉浸在书本中，而是因为他们知道，如果自己进入了名校，距离成功就不远了。是对于成功的期盼，让他愿意忍受痛苦。或者，为什么有人愿意过着朝九晚九的日子，除了薪水之外，应该也是盘算着，哪天有升迁的时候，那个人会是自己吧！

如果不是很确定做了一个苦差事一定会得到某些好处，应该没有人会想要经历什么痛苦。这一点，在孩子身上特别容易看出来，如果做一件事情，没有立即的好处，孩子们通常不会去做。但是孩子的学习能力很强，一旦他们知道做一件事，会经过一个痛苦的过程，但最终会得到他们想要的东西，他们就会愿意承受那个痛苦。

又好比，你明明在关系中有点不开心，但是你怕自己如果跟对方抱怨，反而会落得分手的下场，所以就一直忍耐。结果，自己反而积累了更多的负面情绪。你若从这些经验中有所学习，就会转换自己看待快乐、痛苦的方式。像是，在关系中有什么不开心的事情，要早一点想办法跟对方沟通，沟通或许会让双方发生争执，可能会让你难受，但是长远来看，这是好事，因为这样对方才知道你对某件事不满，如果他愿意为了你改变，那就会有好结果，若他不愿意为你改变而分手了，对你来说也不是坏事。

也就是说，我们并不是刻意要去追求痛苦，痛苦只是过程中必经的过程。

@心理学小科普·延宕满足

所谓的延宕满足，就是做了一件事情之后，不会马上获得好处，而是要过一段时间才能获得。要能够做到这一点，并不单纯是动机，也跟能力有关系。因为必须把自己做过的事情记下来，并且和让你感到满足的结果联结在一起，你才会更想要做那件事情。一个统合分析的研究也发现，延宕满足的行为和智商呈正相关，智商越高的人，越能够等待迟来的奖赏。不过我要提醒大家，这并不表示无法延宕满足的人，智商就比较低，因为还有别的因素会影响人们的延宕满足行为。

为了看到尽头的阳光，就该忍受无限期的痛苦吗?

虽然说我们之所以会愿意忍受痛苦，都是因为看到痛苦之后会有快乐，但这不表示你就要为了最终的快乐，而一直承受痛苦。在我们的文化中，鼓励大家要吃苦，而不要太看重享乐，因为享乐终究会带来坏处，而吃苦最终会得到甜蜜的果实。

我不认同这种吃苦耐劳的做法，甚至觉得这是一种阴谋，是一种为了让大家甘愿当社畜的说法。

我有个朋友，在一家企业工作了十年，算很资深的员工，可是他的职级并不是很高。每次绩效评估的时候，他的主管都跟他说，只要他做到哪些事情，就可以升官。但是每次公告晋升名单，总是没有他的名字。一开始，他觉得是自己还不够努力，直到有一次，比他晚进公司、在他眼中也没有自己努力的同事都升官了，他还是没有升官，他才死心。他后来凭借自己丰富的工作经验，到另一家企业去当小主管，收入比之前多了一倍。从这个例子就可以发现，努力和获得不存在着等比关系。**所以，你要多做沙盘推演，多去想想不同的可能性，宁可多想一点再做，也不该催眠自己，只要努力，有一天自己一定会得到自己想要的东西。**

做评估的时候，还需要考虑一件事：是否有一些付出，会造成不可逆的后果，例如，你必须牺牲和家人相处的时间，如果家人是小孩或老年人，那么你很有可能没办法弥补和他们相处的时间，因为小孩对你的依附程度会随着年纪逐渐减少，老人的健康可能每况愈下。

不追求快乐就不痛苦了吗?

那么，如果不追求快乐，是不是就不会痛苦了呢？很遗憾地告诉大家，并不是这样的。

生活中难免会有一些意外。哪一天你可能因为太着急而跌倒受伤，在这种情况下，你虽然没有在追求快乐，但也会因此感到痛苦。

所以关键不只是要避免自己与痛苦接触，而是一旦发生这样的状况，我们可以用什么方式来面对。我认为心态会是最关键的因子，就像在疫情严峻的时期，你如果被迫失业，你要怎么面对。你当然可以选择看到自己的损失，让自己活在痛苦中。只是，这样的做法并不会改善你的状态。

如果你把这段时间看成一个转机，借着失业时期，学习一些自己过去想学但没有时间学的东西，说不定你之后就可以转换到一个新的领域，或许会有很不错的发展。相比抗拒这种预期之外的痛苦，我们反而需要去感谢这些会让我们痛苦的事情，因为这些都是让我们成长的养分。

但是，我的意思真的不是叫大家要去体验痛苦，而是希望大家可以用更正确的态度，来面对那些不可避免的痛苦。

@人生想一想

有些人可能会觉得自己的痛苦都是别人给予的，比方说，你可能有一个很喜欢管你的母亲，即便你已经成年了，她依旧要介入你的大小事。虽然亲情难以割舍，但并非绝对不可以。只要理性交代清楚你的选择，那么也没必要为了自己的割舍而愧疚。所以，就算你认为你的痛苦是别人造成的，你都不是完全没有选择权，只是你决定承受那些加之于你的痛苦。人生承揽的痛苦已经够多了，勇敢拒绝那些别人强加于你的痛苦。

@午夜小提醒

不是所有的痛苦都会让你成长，没有好处的痛苦，能闪就闪。

07 爱美，错了吗？

在校园里，有一个现象很有趣：刚入学的女学生一般都不太化妆，但随着年级增长，会化妆的女生越来越多。我有次好奇问学生她们不觉得化妆很花钱又花时间吗，反正现在有那么多美颜app，干吗要花时间化妆？学生马上数落我说："我又不是随时都在滤镜后面过生活，而且化妆好处很多，你这中年大叔不懂啦。"

有自信，颜值就高

我不否定颜值对一个人来说真的很重要，毕竟在我们深度认识一个人之前，只能从外表来判断这个人到底会不会让我们想要跟他互动。

有个心理学实验是这样的：研究者把自己打扮成流浪汉，假装昏倒在地上，看看多久之后会有人想去帮他。结果等了半小时，都没有人去帮忙。后来，这位研究者穿上正装，同样假装昏倒在地，没过几分钟，马上就有人上前询问他是不是身体不舒服，需不需要帮忙。

另外，大家可能也听过所谓的制服迷思，就是我们对穿制服的人会有莫名的好感。有一档真人秀《百人社会实验》（*100 Humans*），就验证了这件事情。他们找了一些演员，穿着制服或是休闲服，然后请一百个男女来跟他们聊天，并且帮这些演员打分数。这些打分数的男女并不知道这些人是演员，以为自己是真的在跟医生、机师、清洁人员聊天。

结果发现，对于社经地位比较高的职业，像是医生、机师，穿着制服会让人有较高的评价。但是，如果是快餐店服务员或是清洁工，穿上制服的评价反而会比较低。虽然研究是看到制服会怎么影响我们对一个人的评价，但也验证了，我们很容易受制于一个人的外表而影响对他的评价。

我和太太在英国念书的时候，认识了一位女性艺术家。她有一次搭邮轮散心，遇上一个开服饰店的老板。那个老板说："你看起来很有自信，要不要来当我的服饰模特儿？"她有点惊喜，因为没想过自己年过六十还能当模特儿。她跟我们分享那套照片，我们都觉得拍得真好，没有刻意遮掩皱纹，但是你可以感受到她的容光焕发。**用自己最舒服的样子，展现自信，就能让你有最高的颜值**。

@心理学小科普·美和胖瘦的相关概念可以改变

长年来，“瘦就是美”这样的观念深植人心。但是，这样的念头并不是没有办法改变的。有法国心理学家，利用联结学习的方法，让参与者把肥胖与美联结在一起，或是瘦与美联结在一起。结果发现，那些把肥胖与美联结在一起的人，会改变自己对于肥胖的隐示态度，变得比较正面。此外，这些参与者对于自己外表的焦虑程度，也会因为这个联结学习的训练而下降。但是，那些把瘦与美联结在一起的，对于肥胖的隐示态度则变得更负面。所以，你常把什么和美联结在一起，它就会影响你的态度。

为什么会有颜值焦虑?

颜值焦虑可以从几个方面来看。第一个是跟演化有关。为了繁衍后代，动物要想办法吸引对象。在动物界，颜值焦虑比较高的，应该是雄性，不少雄性都有一些美观的特征来吸引异性，像是孔雀的羽毛，或是鹿角。

在人类身上也是如此，有一些属性是跨种族文化均适用的，像是脸的对称性，通常被认为是身体健康的指标，也因此，我们内在会有一个驱力，会想要去追求那些看起来脸是对称的对象。另外还有一个属性就是音调，雄性偏好找音调高的女性，女性偏好找音调低的男性。

为什么会有颜值焦虑呢？很大一部分跟青春期有关系。在青春期，青少年很容易以自我为中心，觉得大家都在关注自己，所以对自己的各个方面都特别关切。颜值，因为涉及第二性征的发育，更容易引发焦虑，因为青少年会觉得自己跟别人不一样就是不好的。不论是身高比较矮，还是不明显或过于明显的第二性征，都会造成焦虑。

所幸，对于多数人来说，这样的焦虑在步入成年期之后，会逐渐改善。但是，现在因为网络的发达，我们有太多机会接触到别人，特别是那些外表漂亮的明星艺人的照片。

看得越多，对颜值焦虑的影响越大。

有很多研究都有这样的发现。一个针对三十九位女大学生所做的研究，她们会看到二十四则不同的广告，其中十二则广告中有身材姣好的模特儿，另外十二则广告中则没有模特儿。另外，他们也控制了广告的类型，有一半的广告跟身材有关，一半的广告则跟身材无关。

这些女大学生看完一种类别的广告，比如说看了有模特儿且跟身材有关的广告之后，会评定自己对外表的焦虑程度。他们发现，广告的类别对于外表焦虑没有影响。但是只要广告中有出现好身材的模特儿，这些女大学生的外表焦虑就会升高。

高颜值的吸引力

除了自信，颜值对一个人的吸引力也有很重大的影响，人们在看到颜值高的人的时候，就很容易被这些人吸引。外貌好的人，会被老师认为比较聪明、乖巧，一些非客观的成绩也会获得比较高的分数。出了社会之后，颜值高的人比较容易在面试过程中拿到工作，薪资上也有10% ～ 15%的优势。

之所以会有这么广泛的影响，是因为月晕效应（halo effect）。所谓月晕效应，指的是当我们对一个人的某个特性有好或是不好的看法时，这样的态度会影响到我们对这个人其他方面的评价。也就是说，一个外表姣好的人，因为让我们觉得他有吸引力，我们对这个人其他方面的评价也会比较好。

@人生想一想

虽然重视外表感觉很肤浅，但是很多时候我们只能通过外表的第一印象来做判断。**如果你不希望自己被外表耽误，就该认真思考一下该怎么做形象管理。**倒不是说，你一定要把自己打扮成帅哥、美女，而是想办法让自己的外表展现你的优势。我鼓励大家在自己的外表上投入一些资源，但我也要提醒大家，在评价别人的时候，不仅要看他的外表，而且要尽可能去认识他的真面目，才不会做让自己后悔的决定。

@午夜小提醒

每个人都有责任让别人以貌取你，让他们因为外表而对你有好感。

08 我就喜欢小确幸，不行吗？

我们现在经常听到“小确幸”，甚至已经有媒体开始抨击年轻人只顾着小确幸，而忘了要努力。你之所以会有小确幸的感受，是因为你自己心中有一个特定的规范，你自己定义什么是小而确定的幸福，是你自己在内心衡量的一个标准。比如对村上春树来说，他的小确幸就是耐着性子激烈运动后，来杯冰凉啤酒的感觉。

在我的理解中，小确幸就是一种生活中比较小的幸福感受，跟遵守个人规范没有太大的关系。我甚至觉得，现在小确幸有点被污名化了，只要有人提到他要追求自己的小确幸，似乎大家就会觉得，这个人没有远大的抱负与梦想，只想要在生活中寻找简单的小快乐。

你怎么看待小确幸？有次上课我问学生，社会上有一种说法，就是年轻人都在追求小确幸，你们认同吗？在你们心中，小确幸又是什么呢？

多数学生认同他们就是在追求小确幸，只是每个人追求的不太一样，有人的小确幸是可以吃到想吃的食物；有人的小确幸是终于有一天不需要准备考试；有人说小确幸是可以获得老师口头的肯定。

请大家想想，过去你在生活中，是否有那么一些片刻，觉得自己是在追逐所谓的小确幸呢？你当时是出于什么原因，而选择去追逐小确幸呢？

我认为可以分为三种，第一种是只有能力追求小确幸，所以只追求小确幸。不少人也知道有车、有房、成家很重要，但是一想到要达成这些目标所要付出的代价，就会觉得真的要这么辛苦吗？为了要省钱买房，结果每天生活拮据，到底值不值得？

与其生活过得很没有质量，换一间地段不好的小公寓，他们可能更会愿意花钱吃一顿好的，满足自己的口腹之欲，或是花钱去买体验，换一个难忘的回忆。

第二种是不知道有所谓的大确幸，所以只会追求小确幸。这个主要是孩子或一些没有见过世面的人才会有的心态。坦白说，我觉得这些人还挺幸运的，因为他们容易满足。

第三种是知道有所谓的大确幸，也有能力去追求，但是选择追求小确幸。就像一些很有钱的人，并不觉得自己一定要开最好的跑车，而是选择很一般的车款，因为这样就能够满足他们的基本需求了。

追求小确幸的原罪

我想大家可能都听过一个经典心理学实验——棉花糖实验，这个实验似乎也说明，能够忍耐是一件重要的事。

这是斯坦福大学的米歇尔教授在1960年代做的研究，实验很简单，他们找了一些幼儿园的孩子来到实验室，研究人员会摆一颗棉花糖在孩子面前，跟孩子说他要出去一下，如果他回来的时候，这颗棉花糖还完好无缺，那么他会再给孩子一颗棉花糖。对于幼儿园的孩子来说，好吃的甜食是非常有吸引力的。他发现有不少孩子会忍不住吃掉棉花糖，有些则是会想尽办法让自己分心，不要把注意力放在棉花糖上。

米歇尔教授后来追踪了这些孩子的学业成就、工作表现以及婚姻状态。结果发现，那些可以忍住不吃棉花糖的孩子，在各方面都有比较好的表现。这个棉花糖实验，让大家重视一个人的自制能力，认为一个自制能力好的人，各方面表现都会更杰出。

我不否认，有自制力的人在做很多事情时都会有好表现。但是，只是忍住不吃一颗棉花糖，真的有那么了不起吗？事情可能没有那么单纯。

@心理学小科普·延宕奖赏的折现率（discount rate of delayed reward）

折现率是一个金融用语，是指将未来的现金流折算到当下所使用的利率。折现率越高，当下所要投入的成本就越低，但是也意味着未来的现金是比较不值钱的。这样的概念套用在延宕奖赏上，是用来说明一个人究竟怎么评估延宕的奖赏。如果一个延宕奖赏的折现率高，就意味着那个延宕的奖赏被认为是比较小的，因此选择即刻奖赏的概率会提升、延宕奖赏的概率会下降。过去的研究发现，一些有成瘾症状的人，延宕奖赏的折现率都比较高，且折现率和这个人的冲动倾向有显著的正相关。

后来有研究改为在比较贫困的地区实验，因为那些地方资源匮乏，所以孩子在看到有好东西的时候，绝对不会放过，这跟他们是否有自制力并不那么密切相关。另外，也有研究发现，如果跟孩子解说实验的是一个不守信用的人，那么孩子也不会忍住不吃棉花糖。

也就是说，追求小确幸的人，不见得就能力比较差、自制能力比较低。这背后的情况相当复杂，只是忍住小的好处，追求更大、更好的好处，比较符合社会善良的风俗，也因此受到吹捧。

该不该追求小确幸？

在给大家答案之前，我想跟大家介绍墨尔本大学的妮可·米德教授做的一个研究，她找了一百二十二位大学生，在六天的实验过程中，这些大学生每天早上要记录自己当天的待办事项，每天晚上则要记录自己当天的心情，以及预定完成的事情是提早完成了，还是有所延误。除了早晚的记录之外，他们每天会在五个不固定的时间点，发讯息去问这些大学生，“你们现在是否刚经历了让你有点开心，或是让你有点烦的小事情?”

结果他们发现，那些经历比较多开心事情的人，当天的心情会比较好，而且也比较容易完成当天早上预定要完成的任务，甚至还会提前完成。

米德教授还分析了让这些大学生情绪波动的事情到底是哪种属性，结果发现很多都是和人际互动有关系的，也就是说，不是什么了不起的大事，有可能只是在路上碰到许久没见的朋友，或是跟朋友讨论事情很有收获等等。

顺着这个研究结果，我会说**追求小确幸是可以的，因为让自己开心，会更有动力去完成你该做的事情**。

可是，如果你成天都只做一些让自己快乐的小事情，最终你不一定会是一个快乐的人，因为你会一事无成。

@人生想一想

如果你是真心喜欢那些生活中的小确幸，也不会羡慕别人，那绝对可以追逐生活中的小确幸。不少真正佛系的人就是如此，他们享受生活中的简单幸福，像是路边的小花、一杯热茶，或是抬头看见皎洁的明月。他们不会觉得，自己怎么过这么简朴的生活，只要衣食无缺，就心满意足了。

如果你追求小确幸，不是因为自己喜欢，而是因为你觉得自己只有能力追求小确幸，那我就不建议你只追求小确幸。因为你等于是自我设限，或讲更难听一点，你是自我麻痹，欺骗自己。

如果你是看起来像在追求小确幸，但其实根本不是发自内心喜欢，那你真的该停下来问问自己，到底自己在做什么？**想清楚了再去努力，否则只是一味的盲从，你可能会全盘皆输。**

@午夜小提醒

小确幸没有不好，只要你是真心想要小确幸。

II

生活你我他

——自由自在，不受情绪困扰

人际关系好麻烦，可以不理会吗？

能不能别让负面情绪影响我？

为何一定要包容别人的错误？

放下心中的千头万绪，

不受情绪左右，

你也能成为情绪的主人。

01 见不着面，情感如何维系？

因为新冠病毒感染，大家或多或少都体验了没有办法想见面就见面的郁闷。我有一些学生来自马来西亚等地，因为他们担心长假回家就回不来了，所以这两年的寒暑假几乎没有人回家。如果你到现在都还没有体验过那种见不到亲友的感受，你真的非常非常幸运。

我记得自己在英国念书的时候，因为有时差，加上各种限制，那几年没什么机会能和家人好好交流。就连外公过世的时候，最后一面也见不上，每次想到就格外难过。

人际互动，在线和线下有差别

我自己是人际互动比较不会受到在线和线下影响的人，十多年前，我就和现在的太太用网络远距离维系感情。我甚至有几位朋友，从来没有在真实生活中碰过面，但因为常在网络上互动，也不会觉得和他们的关系疏远。反倒因为网络的实时性，我们可以快速交流一些彼此喜欢的事物，像我就认识几位喜欢米菲兔的朋友，也曾经因为在一部电影的留言区留言，认识了同样很喜欢那部电影的朋友。

为什么有些人在人际交流中，不会受到在线和线下的影响，有些人则恰好相反呢？

心理学家们认为依恋风格是一个关键因素。依恋风格的由来是陌生情境实验（strange situation experiment），这个实验是妈妈和九到十八个月大的婴儿一起参加的，过程中妈妈会先带着孩子到一个房间，让孩子自由在房间内探索。接着会有个陌生人进入这个房间，在和妈妈短暂交谈之后，妈妈会跟孩子道别，接着房间内就只剩下陌生人和婴儿。过了一段时间，妈妈会回到这个房间。他们依据孩子和母亲的互动，把依恋风格分成四种。

@心理学小科普·依恋风格

依恋风格分为四种：

第一种是安全依恋，妈妈在的时候，这些孩子会很安心地探索，也会和陌生人互动。妈妈离开的时候，刚开始会有点难过，但不会难过太久，在妈妈回来之后，又显得很安心。

第二种是逃避依恋，这些孩子基本上忽略妈妈的存在。对于妈妈的离去或是回来，都没有太大的反应，甚至会忽视妈妈回来的事实。

第三种是矛盾依恋，母亲离开会焦虑，对陌生人会害怕，母亲回来时会尖叫踢打，对环境少探索且难以安抚。

第四种是迷失依恋，这些孩子对于母亲的离开、回来，完全无感，甚至不太明白依恋是怎样的一种状态。这和逃避依恋不大一样，因为逃避依恋的孩子是刻意忽略、逃避依恋。

依恋风格对人际互动的影响

那么依恋风格对人际互动又有什么影响呢?

研究发现，安全依恋的人，人际互动最不会受到模式影响，也就是说，他们和一个人在线关系好，线下关系也会好，不会因为模式不同就改变了人际互动的程度。

对逃避依恋的人来说，基本上他们不喜欢和人建立依恋关系，所以在线人际互动基本上只会让线下互动变得更差。好比一个有社交恐惧症的人，在线这种能让他感觉很安全的方式，他都不太喜欢，线下和人直接互动，就显得更可怕了。

有趣的是，对于矛盾依恋的人来说，在线互动对他们是有利的，甚至有可能会帮助他们改善线下的依恋关系。

除了依恋风格，还有一些因素会影响你是否一定要真正见到人，才能维系好的人际关系。比如，你和这个人的亲密程度，越亲密的人，越有办法通过在线方式来维系关系。

但是，这也不是说你就可以完全不和亲密的人见面，而是因为你们彼此之间的关系原本就比较稳固，比较不会因为见不到面而影响情谊。就像不少人虽然一年只见父母一两次，也不会因此就变得像陌生人一样。

面对面交流有什么了不起？

即使在线联系很方便、很快捷，但时间长了，人们还是倾向于面对面交流。特别是教育类的活动，如老师和学生，不能一直上网课，需要实体上课。情侣也不能长时间异地恋，需要见面。为什么面对面交流这么重要呢？那是因为：

第一，见面有肢体接触、气味等。

肢体接触对我们有什么影响？简单来说，肢体接触是一个提升共感的方法，像是妈妈把新生儿抱在怀中，会让新生儿感受到妈妈的心跳，会让新生儿比较平静。有研究发现，平常不太和人有肢体接触的人，若有机会和别人有肢体接触，会降低孤独感。**也就是说，肢体接触和我们的心理幸福感有关。**

肢体接触除了会影响心理幸福感，也会提升我们的生理健康。美国卡耐基梅隆大学的团队曾经做过一个研究，他们记录四百多位成年人，在两个星期间所获得的社交支持以及和别人拥抱的频率。结果他们发现，那些比较常和别人拥抱的，比较没有生病的症状，也就是说，**拥抱可以提升免疫力，促进我们的健康。**

大家应该不是因为想要提升自己的幸福感或是身体健

康，才会想要和人有肢体接触，而是因为已经习惯了这些人在你面前的存在感，可能是他握住你的手的那个稳重、踏实感，可能是他的咳嗽声，可能是他常喷的香水味。**这些看似存在感很低的信息，往往都能诱发我们和这个人的回忆，特别是那些深层的回忆，而这都是在线交流办不到的。**

第二，面对面的时候，能够实时、全方面和一个人交流。

我是一个和别人沟通前，都喜欢做沙盘推演的人。因为我觉得一个人要为自己讲的话负责，所以在说话之前，要先想想别人会有什么样的反应，以及这样表达是否恰当。在在线互动的时候，基本上就可以这样做，因为你可以想清楚了再回复，不用实时反应。

即使跟别人通话或是视频，你都不是毫无保留地在跟别人沟通，虽然线下沟通也不是完全没有保留，只是程度上的差异。如果只是通话，对方看不到你的表情、你的肢体动作，单纯从声音不一定能够完全掌握你的意图以及想法。视频或许好一些，但同样的，还是有不少部分可以有所保留，像是可以美颜的，或是在镜头拍不到的地方做一些别的事情等等。

@人生想一想

有些时候，我们的一些意图，特别是那些可能连我们自己主观也还没有意识到的意图，就会通过语言以外的管道来跟别人交流。就像费洛蒙或催产激素（oxytocin）等，都会在我们没有意识的状况下释放，并且对周遭的人造成影响。

我们之所以会觉得面对面很重要，一个可能原因是我们都习惯了这样的人际互动模式。倘若从一开始，我们就是通过屏幕来跟别人互动，我们是否就会改观呢？**在即将进入元宇宙时代的此时，我们或许该多花一点心思去想想，哪些因素对于人和人之间的连接是不可欠缺的，而不是一味想要打造一个拟真的元宇宙。**有些转变或许不一定能取代原本的做法，却会带来一些新的可能性，相信这两年的疫情都让大家有很多觉悟。

现在人工智能的技术，已经可以合成语音和影像，那么要让我们和已经逝去的亲友交流，也不再是科幻剧集《黑镜》中才会出现的情节。我们现在就该准备好面对这些改变，而不是等到技术已经成熟了，才去想配套方案。

@午夜小提醒

那些会因为时空而无法维系的情谊，本来就不值得被珍惜。

02 见面就吵，还要见吗？

见不着面要如何维系感情固然很让人伤脑筋，但也有很多人是为了跟家人见面就吵，或是一见面就被情绪勒索而为难。

每次回家就被情绪勒索，还要回去吗？

不少人可能都有种矛盾的感受：一个人在外，不能一家人团圆，非常想家；但回到家里没几天，就觉得家人唠叨，比如催婚、催生小孩，或者开始列举亲戚朋友谁今年赚了多少钱、买了房买了车等等，待不到十天半月，你可能就又想往外逃离了。**成年人跟父母之间，真的非常容易有冲突，关**

键在于父母的心态没有转变，始终觉得子女还没有长大，需要被管教。但从子女的角度来看，会觉得自己已经成年，可以为自己负责了，父母的介入让人觉得很不舒服。想要改变父母几十年的看法来认同你的观点，其实并不容易。

如果换一个角度来看待父母所说的话、所做的事，你或许就不会觉得他们是在为难你。他们担心你没有对象，是怕你自己独自生活没有照应，怕你一个人在外地工作，突然发生什么状况，没有人可以帮忙。他们担心你赚的钱不够，是怕你生活过得不好，如果哪天工作没了，生活会陷入困境。他们希望你回老家，是希望彼此能有个照应，不是单纯想要绊住你。如果换位思考，你作为父母，看着在外漂泊、天天熬夜吃外卖的子女，你是不是也希望他能别那么累，过上稳定一点、没那么辛苦的日子呢？一旦你这么想，就能体谅父母的唠叨，更能心平气和地跟他们沟通。告诉他们你已经长大了，能够为自己的生活负责，未来的规划是什么，让他们别再担心。

@心理学小科普 · 情绪勒索

想到情绪勒索，大家应该都会想到周慕姿心理师的书《情绪勒索》，不过这样的概念更早就被提出，比方说卡尔·荣格（Carl Jung）的心理阴影概念，就是谈一个人不舒服的感受，并非源自他人，而是因为当事人自己有一些心理阴影。苏珊·福沃德（Susan Forward）在1997年出版《情绪勒索》（*Emotional Blackmail*），算是在心理学领域最早用这样的词语，来描述一个人不愿意面对自己的负面情绪，而是利用这点来控制别人的行为。福沃德认为情绪勒索包含三个元素：恐惧、义务以及罪恶感，情绪勒索的人利用这些来和被情绪勒索者互动。

逢年过节一定要回家吗？

对老一辈的人来说，他们对于过年的想象，一直就是要一家人团聚吃团圆饭，那么大脑中关于过年的脚本，就是家人团聚、吃团圆饭等等的素材。一旦少了什么元素，就会觉得怪怪的，而我们的大脑不喜欢这种怪怪的感觉。就像你常去的餐厅改了装潢，你会觉得不对劲，甚至觉得东西吃起来少一个味道。

也因为这样的仪式感作祟，你只要能够让亲人觉得仪式做到了，就不一定要回家过年！只是，要怎么做到，恐怕就要多花一点心思了。比如同步餐厅（sync dinner）的概念，或许是一个可参考的做法。你可以订购一套餐点送去老家，自己也订同样的餐点，然后大家一边吃着同样的餐点，一边视频，再加上同样的音乐，就会很有仪式感，也打造出一家人团聚的感觉。

另一个原因，我觉得也挺关键的，就是年节是家人可以名正言顺要求你做一些事情的时刻。他们可能平时就很想要你回家，想要了解你的近况，但是又担心你太忙，所以忍住不提出这样的需求。但是到了过年过节，他们会觉得这种时候应该没问题，所以不会继续忍耐，而会一次释放自己积累很久的需求，也因此让你特别有压力。

面对这样的状况，我认为确实没有必要逢年过节时回家。**但是家人毕竟是家人，就算你觉得自己没有需要他们的部分，他们还是可能觉得他们需要你。那么，你至少该肩负起这样的角色，满足他们的基本需要。**

随着时代变迁，父母对孩子的期待已经越来越少，你也不要太为难他们，偶尔当个好儿子、好女儿，也没什么不好。当你年纪更大，就会越来越感受到亲情的重要性，父母年纪越来越大，你在他们身边陪伴的时间会越来越短。

我也要给为人父母者一些建议，**很多时候父母对成年子女是很陌生的，你在对他提出要求的时候，是否想过，你有继续给他什么吗？**不能只是一直说“没有我们，哪有今天的你”，这种说法只会破坏彼此的关系。所以，花点时间了解子女的生活，想想有哪些地方是你们可以帮忙的。简单来说，不要只期待子女给你们什么，也要想想你们还能给他什么，有来有往的关系才会健康又长久。即使是父母和子女，如果只有一方给予，迟早也会出问题！

@人生想一想

在所有人际关系中，家人之间的关系是最棘手的，因为这不是可以随便不欢而散的。有些国家，父母依法必须照顾小孩，子女也依法要奉养父母，即使其中一方再怎么不堪，也不能不做。或许因为少了可以断舍离的选项，让大家压力特别大，也更容易陷入无限的负向循环中。可是，你也不是真的没办法割舍，只是这个冲击可能比较大。**若家人间的互动，已经对你的心理健康造成极大的影响，那么两害取其轻，你也该勇敢割舍。**就像哈里·斯泰尔斯（Harry Styles）在描述被家庭忽略／虐待的一首歌*Matilda*当中写到的：You can throw a party full of everyone you know. And not invite your family ‘cause they never show you love.You don’t have to be sorry for leaving and growing up. 你可以为所有你认识的人办一场派对，但是不邀请你的家人，因为他们从来没有爱过你。你不需要因为自己的离开和成长而感到抱歉。

@午夜小提醒

如果你一直都把别人对你的期待当作应该的，有一天你会发现你不认识镜中的那个人。

03 负面情绪怎么消化？

我之前看了一部迷你剧集《叫她系主任》（*The Chair*），是一部讲美国大学教授工作、生活甘苦的剧集。你不一定要是大学教授，但里面很多情节相信都会引发许多人的共鸣，比如职业妇女，事业家庭两头烧的困境，或是在职场上不得不顺应上级的不甘愿。

当中有一幕让我印象深刻，系主任经历了一连串的不顺利，忍不住在家里的厕所大哭。出来之后，虽然她已经把眼泪擦干，但在外面的家人都知道她哭过了，这时候，她领养的女儿跑来给她一个大大的拥抱，她顿时露出了幸福的笑容。

我之所以会对这一幕印象深刻，是因为有一次我很难过的时候，我家老二也跟剧集中的女儿一样跑过来抱住我，在我耳边说："爸比，你最棒了，我爱你。"虽然老二讲的这些话，并不会让我摆脱难过的困境，但这动作还有语言，就像有魔力一样，让我更有能量可以继续面对生活中的挑战。

负面情绪来源

负面情绪是怎么来的呢？以系主任为例子，因为工作和家庭两头烧，让她难以负荷，所以会有负面情绪。但是不少朋友都有这样的处境，却并非所有人都会因此而有负面感受，为什么？

你可能会说，那是因为有人的情境没有那么糟糕，还在可以负荷的范围之内。这是一个很合理的原因，可是真的如此吗？想想看，你是否有和同事合作，结果因为事情没处理好，两个人一起被骂的经验。那个时候，你和同事的感受是一样的吗？是否同事觉得没什么，但你觉得很难过；或是反过来，你觉得没什么，你的同事却很难过？

另外，我们也会错误地以为，我们之所以会有负面情绪，都是因为遇上了糟糕的事情，所以不禁出现难过的情绪。确实，遇上一些事件，像亲人过世，或是突然丢了工作，负面情绪绝对会来敲门。但这并不表示，我们所感受到的情绪，和事件强度之间是正相关，也就是说，**情绪的强度和事件的强度之间，不一定存在着关联性**。

一个人过去的经验也会有很大的影响。如果你曾经在某一次的失败后，痛定思痛并有所成长，获得了更好的工作机会，那么，你未来在面对失败的时候，就不会那么快掉入一个自我否定的循环，反而有机会说服自己，失败其实不全然是坏事，只要能够从中学到教训，那么每一次的失败，就是一次成长的机会！

所以说，面对负面情绪，我们可能并不是那么被动，**其实有很大的主控权，能够决定自己是不是会掉进负面情绪的旋涡中；我们也能够决定掉进去之后，要怎么走出来**。

暂时性逃避负面情绪

我要分享一些心理学研究上的发现，让大家可以更从容面对自己的情绪。

首先，我要先跟大家疏通一个观念。很多人可能会觉得，情绪不就是来了才去面对吗？其实不是，在情绪来之前、发生的当下，以及发生之后，我们都有不同方式可以因应。

首先是情绪发生之前，大家可能会觉得很怪，情绪都还没有来，我能够做什么？各位可以想想，如果你知道有一场朋友聚会，会有一个你不喜欢的人参加，那么你选择不去参加的话，是不是就不会有负面情绪？至少不会有那么强烈的负面情绪。

逃避的做法一般来说不受鼓励，但是如果你知道自己做了某件事情，会面临强度很大的情绪诱发事件，那么对你来说，逃避可能是更有效的做法。这一点可是经过心理学研究证实的，研究发现，如果发生了一起太强烈的情绪事件，当事人选择不处理，对这个人的身心反而比较有益。他们也发现，有忧郁倾向者在面对可能会诱发负面情绪的事件时，更应该采取逃避的做法，这对他们来说更有帮助。

我要提醒一下，这里所说的逃避，是暂时性的不去面对，而不是完全不去处理。有些事情你终究该去面对，如果完全不去解决，那就是不负责任。暂时性的逃避有很多好处，第一个最明显的好处，就是很多情绪诱发事件的影响，都是在一开始最强烈，像是男朋友传了分手简讯给你，你只是匆匆瞥过，过了一阵子之后再看，就不会觉得这件事有那么严重了。

如果你没有马上去面对，就有多一点的时间可以思考自己要怎么去面对，或许你就能够找到解决方法。

@心理学小科普 · 逃避情绪，反而更好

传统上，大家会觉得，有负面情绪的时候，就要去面对、要尽可能让负面情绪消失。但是，越来越多的研究显示，这样的做法不一定在所有情境下都是最好的。比方说，当情绪强度很强的时候，相比正面迎接，选择逃避，等到情绪强度减弱再去面对，反而是比较有利的做法。一些重新评估（reappraisal）的方法，强调把一个负面情境转化为比较正面。但是，正面情绪的存在，不表示负面情绪就必然会消失。近年来，因为受到冥想当红的影响，选择接受当下的情绪，去感受和体验情绪，而不企图去改变它，也成了情绪调节的一种方法。

情绪不好，如何排解？

我知道很多人在心情差的时候，会想要跟朋友谈心。这个方法为什么有效呢？主要的原因就是在跟别人谈心的时候，我们必须把这件事做个整理，你如果只是跟朋友说你好难过，他们会不明白你想表达什么。所以在讲心事的过程中，你就会把整件事的来龙去脉做一点整理，或许有些偏颇，但仍是一种整理。

这样的过程有助于你把这个情绪经验理性化，这个经验本身不会成为只是让你不舒服的情绪反应。这个做法，会降低这个经验本身的情绪强度，也会降低这个经验对你的影响。另外，你跟朋友谈心，朋友一般也会从他们的角度给你建议，某种程度上就达到重新评估的作用。甚至朋友如果有类似经验，还可以跟你分享。

如果你周边没有人可以谈心，或是你比较害羞，不太习惯跟别人谈自己的心事，也可以善用一些可以匿名的论坛，就能比较没有戒心地跟别人分享自己的心事，也有机会达到同样的效果喔！

有些人在心情不好的时候，会选择去做一些自己喜欢的事情，这就是运用到分心的原则。不仅在情绪发生的当下，分心是有效果的，在情绪已经产生之后，善用分心，也可以避免自己持续受到负面情绪的影响。

我有个朋友喜欢画画，他说每次心情不好，他就会要求自己去画素描，这样的方法对他来讲很有效。而且，他还会依据情绪的强烈程度，安排要画的内容，心情很差的时候，就要画很复杂的东西，心情只是稍微不好，他就会选择画些比较简单的。这背后的道理是让自己转移注意力，不要持续想那些会让你心情变差的事。

有些人心情差的时候，会想要大吃特吃，或是睡觉，如果这只是短暂非持续性的，也是蛮不错的做法。因为食物对人的影响是很本能的，吃到甜食，因为快速补充了能量，就会让人有幸福感。有研究真的去检验，到底吃了甜的东西，会不会让人变幸福，答案是很肯定的。

也有不少人在心情不好的时候，选择做运动，这也是很不错的方法。因为运动可以让人转移注意力，而且运动会促进一些让人心情好的神经传导物质的分泌。总的来说，照顾好自己的身体，就是一个因应情绪很不错的做法。

最后，我想提一下在社交媒体上公开分享自己情绪这件事，我个人比较不建议这样的做法。因为当你把自己的情绪经验分享在社交媒体上，这也就等同做了一些宣告。

如果你只是想要做个记录，那就设定为自己或是少数比较熟的朋友可以看到就好，而不是让很多人都可以看到你的心情笔记。但是如果你分享的目的是希望别人可以同理你、支持你，就没有必要描述事情的经过，只要说，“我最近心情不大好，大家可以给我一些正面的能量吗?”或是请别人给你一些改善心情的建议，这样的成效会更好。

@人生想一想

负面情绪真的不好吗？不尽然，我认为**情绪其实是生存的一种附属品：因为我们有快乐的情绪，才会想要为了一个目标继续努力；因为我们有难过的情绪，我们才会想要调整，让自己可以更好。**如果你是用这样的角度来看待负面情绪，你或许就不会那么讨厌它了，毕竟它只是生活中的一个提醒。负面情绪是提醒我们，可能累了、可能做事情的方法出了差错，只要及时做出配套的做法，那就足够了。

@午夜小提醒

你该感谢负面情绪的存在，因为它衬托了正面情绪的美好。

04 钝一点，比较好？

有一天睡前，太太拿了一本书给我看，《机制夫妻生活：脑科学专家的配偶使用说明书》，我一看标题就笑了，“你是觉得我需要看，还是希望我来写一本这样的书？”太太说：“你别急着回嘴，我想要你看其中一个章节：《老公的钝感力——看不见的任务》。这章节的结论就是对于丈夫很迟钝这件事，请不要暗自神伤，因为全世界的丈夫几乎都有钝感力。”

“喔！原来你是要跟我说，你昨天骂我太迟钝，想要跟我道歉吗？”太太应该没有预期到我是这样的反应，她拉高语调说：“你觉得呢？”因为太太语调提高，通常表示我应该有做错事情或是讲错话，此时如果要“保命”，就要先道歉、卖萌。我马上回太太说：“我觉得一定不是这样，你是要告诉我，男人就是这么迟钝，要好好反省。”看到太太嘴角忍不住的笑意，我想我应该是猜对了，于是松了一口气。

我一直在想，到底迟钝是好还是坏呢？如果在人与人的相处中，一个人比较迟钝，没办法实时察觉对方没有表达出来的思绪时，确实会比较吃亏。在工作上也是如此，一个人如果可以快速梳理出为什么业绩在这几个月会下滑，就可以提早找出因应的策略，避免业绩继续下滑。但如果太钝了，就很难掌握先机，错过很多好机会。

钝感与不敏感

虽然说迟钝的坏处不少，但迟钝真的没有好处吗？也不是这样的。日本知名文学家渡边淳一，在2006年出版了一本书叫《钝感力》，他认为钝感是有好处的。

那么，到底钝感力是什么？从字面上解读，我们可能会觉得这就是指感受力迟钝，就像记忆力是跟记忆有关的能力，恒毅力是说一个人很有恒心毅力。

这样的解读不算有错，但渡边淳一所定义的钝感力，其实含义更广泛。他认为钝感是相对于敏感的一个概念。

钝感力是一个比较少见的词语，我在心理学的研究中，几乎没有听过钝感力这样的词。但因为我不懂日文，所以只能想办法从钝感力的英文翻译中去找答案。《钝感力》的英文书名是*The Power of Insensitivity*，也就是“不敏感的力量”。

@心理学小科普·不敏感性格（insensitivity personality）

若用insensitivity personality去做检索，会找到一位荷兰研究者迪尔克·凡·坎彭（Dirk Van Kampen），延伸了心理学家艾森克（Eysenck）的人格三元论——extroversion（外向性）、neuroticism（神经质）、psychotocism（精神病倾向）——之外的另一个属性：insensitivity。不过在凡·坎彭的诠释中，insensitive是一种蛮负面的人格特性，是指一个人只在乎自己的感受，不会去理会别人的感受，所以这个特质和利他行为有负相关，但是和冲动、权力、恶意、反社会人格等有正相关。

所以，用“不敏感”这个角度来诠释钝感力，并不特别吻合渡边淳一的诠释。

钝感与低敏感

另一个切入的角度是，高敏感的人通常神经质指数较高。因为钝感在某些部分跟高敏感是相反的，而在神经质的另一个极端的人格特质是稳定、抗压性比较强。从某种程度来说，这比较接近钝感力。这方面的研究比较多，一般都会发现神经质程度高的人比较容易忧郁、焦虑、受到负面情绪的影响；也就是说，神经质程度低的人，情况相反。

不过，我必须说，钝感力和低神经质，还是有一些差异的，至少渡边淳一的诠释是如此。但是，这不一定就说明渡边淳一是对的，心理学中的发现是错的。我觉得只能说，大家定义的概念是相似但又不是完全相同的。

钝感，真的不好吗?

这几年，高敏感特质受到瞩目，具有高敏感特质的人感受力虽然很强，但有时候反而会为自己带来一些困扰。比方说你会觉得别人的行为影响你工作，可是别人会觉得自己并没有故意发出什么声响，为什么你要这样批评他。

从这样的观点出发，钝感好像还不错，因为钝感的人对于外在世界的感受力比较差，不管是压力也好，或是来自别人的负面评论也好。因为钝感的人感受力比较差，反而比较不容易受到影响，更能够保持健康、积极的态度来面对生活。也就是说，钝感对人来说，是有好处的，特别是需要在高压环境下生活的人，会更有竞争优势。

但是在渡边淳一心目中，**钝感力，更重要的倒不是感受力比较迟钝，而是比较有包容力。他认为钝感的人，因为对事物有更多的包容性，所以除非一件事物已经超过了他们可以包容的范围，他们才会感受到这事物的存在。**

如果你有两个朋友，其中一个对很多事情都不太计较，可能只有当你迟到一小时以上，他才会反应略微激烈；另一个，只要你有任何事情稍稍违反他的心意，他都会不开心。你会比较喜欢跟哪一个朋友相处？多数人应该都会比较想跟第一个朋友相处，因为和这样的人相处起来比较轻松。

该怎么跟自己的钝感共存？

如果你发现自己是一个钝感力强的人，那么你要怎么跟自己的钝感力共存呢？首先，你要很清楚意识到，钝感力强对你这个人可能的影响。

如果你的身份是主管，你要提醒自己，刻意去观察下属的工作态度，是不是有什么异状。另外，你也要小心，自己的包容性可能会造成员工的惰性。

如果你的身份是员工，你要提醒自己，尽可能严肃看待别人对你的批评，因为你太容易觉得别人的批评都是他们的问题，而不是你自己的问题。但实际上，只有少数人会恶意批评你，多数人若愿意给你建议，都是真的觉得你可以做得更好。因此，你在接收到这些建议之后，可以帮自己规划一些改善方案。

在一般的人际互动当中，如果你是个高钝感的人，你要提醒自己，多关注身边的人的反应。或你至少要让你周边的人知道，你的钝感力比较高、敏感度低，所以可能会忽略大家的感受，请他们在跟你互动的过程中，倘若心中有任何不舒服的地方，一定要直接告诉你，你会尽力改善。

从我自身的经验来看，钝感力强并不是坏事，因为有些人反而喜欢有这样的人在身边。因为我们感受力太低了，所以他们在我们身边的时候，可以表达一些对他人的不满，或是把一些情绪发泄在我们身上。他们达到了发泄的目的，而我们也没有因此受到影响，这是一个双赢的局面。

@人生想一想

如果可以选择，大家会想要当一个高敏感的人，还是一个高钝感的人呢？身为一个高钝感的人，我觉得高钝感很不错，但我自己也深知高钝感确实有一些缺点。所以，如果因为读了这个篇章，你就决定自己想当高钝感的人，我要强烈建议你多想想。每个特质都伴随着优缺点，高钝感也是如此，你不能只看到高钝感的好，就觉得这一定适合自己。你更应该做的，其实是**去了解自己的特性，然后梳理出一套适合自己的生活法则。那么，不管你是哪种特质的人，都能够从容面对生活。**

@午夜小提醒

敏感也好、钝感也好，没有什么物极必反的道理，只有适性发展才是真理。

05 工作以后，你的社交平台越来越无聊吗？

曾经有学生问我："老师，你怎么可以讯息都回得那么快？"也曾经有朋友跟我抱怨，"你太常分享讯息了，我整个社交平台上都是你的讯息，而且有些还重复出现。"我个人对这些反应都能接受，因为我知道自己确实花了不少时间在社交平台上，而且我从念书时期到现在，都很爱在各种社交平台上做分享。

只是现在往往在社交平台上看到的广告或是平台推荐的内容，远比朋友的分享来得多。有时候我都不禁会怀疑，是大家都不分享自己的生活了，还是这些讯息因为没有商业价值，都被社交平台过滤掉了。那些内容或许会比自己朋友的分享来得精彩，可是我上这些平台的目的，就是想要知道朋友们的近况，而不是要获得什么很优质的内容啊！

是社交平台变无聊了，还是你变无聊了？

虽然我和一些已经在工作的年轻伙伴，都觉得社交平台好像不是那么有趣，但背后的原因其实不大一样。对我来说，我是因为社交平台上的信息比较单一，所以会觉得无趣。但是，对那些年轻伙伴来说，是因为心态转变了，所以会觉得社交平台变无聊了。举例来说，如果你每天都是睁开眼就去上班，回家洗完澡就睡觉，你连休息都来不及了，怎么可能还有时间去看朋友的分享，关心大家分享的信息；而且每天上下班，似乎也没什么内容好分享。也因为你没有分享什么有意思的内容，朋友们也很难给你反馈，于是变成恶性循环，你会越来越不想要分享。

另外，如果你的朋友多数和你年纪差不多，那么大家可能都正在职场上努力，不会像学生时代花那么多的时间在社交平台上，分享自己的生活，并对别人分享的内容做点评。

社交需求依旧存在

在你身上发生的改变，除了工作形态有所不同之外，还有一个更明显的变化，就是你的心智成熟度。**过去探讨人类发展的研究发现，人的生老病死会伴随不同的依恋状态，和不一样的人建立社交关系。**从刚出生到上小学的阶段，基本上都是以家人为主的社交互动形态。但是随着进入青春期，因为想要证实自己长大了，会刻意想要脱离家庭，向外寻求社交支持。但是随着成年，对于同侪的依赖程度会逐渐下降，也因此，你会觉得自己没有那么强的渴望，想要跟朋友互动。

虽然说对于朋友的社交支持在成年后下降了，但并不表示你没有社交需求。只是忙碌的生活，让你误以为自己好像不需要社交。请大家现在把手机拿出来，点开你的Line、IG，看看第一页出现的对话是哪些。如果第一页甚至前几页出现的，都是工作相关的对话，那就表示工作已经侵略了你的社交生活，你需要做出一些改变。

@心理学小科普·好友人数的最大数

英国牛津大学的人类学家罗宾·邓巴（Robin

Dunbar）认为一百五十人是人交往朋友的上限，一旦超出这一数值，人无法正常交往或者效率会明显降低。只是在这一百多人当中，人们真正有比较密切联系的可能更少。像是美国知名民意调查公司盖洛普做过一个调查，发现人们平均的好朋友数量，是九个。九这个数字，基本上吻合一些社交媒体上统计的数据，你自己也可以盘点一下，你平时会为多少朋友的分享按赞以及留言呢？

工作上的社交关系，有时候不那么纯粹，可能有一些利害关系，所以你不一定可以真诚地和这些人相处。另外，现代人换工作的频率还蛮高的，如果你的社交圈都只有同事，万一你哪天离开工作岗位，可能有一段时间社交生活出现空白。基于这两个原因，你就不应该只有工作上的朋友。

对于社会新鲜人来说，要刻意维系关系格外困难。因为在校园中，你常常跟同学在一起，而这些同学也就是你社交的主体，因此你其实并不觉得友情有必要花时间去经营。你若花时间刻意去维系关系，绝对会得到回报。

大家也不要觉得需要这样做，压力会很大。人其实都很有弹性，没有办法天天见面的时候，只要有折中方式，也可以维系关系。像我有几个比较要好的大学同学，目前都在海外生活，但因为有网络，我们的互动还蛮频繁的。而且，因为知道很少有机会可以和这些朋友碰上面，只要他们回来，就一定会约了碰面聊聊。反倒是那些住在附近的同学，平常反而不会特别约见面。

质比量更重要

虽然说，成年后的你，可能只有少量的时间花在朋友身上，但是只要这些互动是高质量的，那么对你来说，可能就足够了。我就有一个朋友，他说要维持好友人数在一百人以内，所以他每过一段时间会删除比较少联络的朋友。

既然质比较重要，那你有没有想过，可以做些什么来提升友谊的质量呢？假如今天你分享了一间餐厅，你真的只要分享照片，甚至多加了一句话——像“这间餐厅好好吃”——就足够了吗？你问问自己，如果跟一个朋友碰面的时候，你向他推荐这间餐厅，你会只讲这样一句话吗？应该不会，你可能会很兴奋地跟他说，为什么会找到这间餐厅，然后有哪些特点让你印象深刻，你吃的料理又有怎样的特色。

你或许不会想要在自己的社交平台上长篇大论，那么你就要用些别的方式来和朋友进行高质量的互动，比方说，固定一段时间就跟好朋友相约聊天或是聚餐，就是不错的做法。

找出适合自己的社交节奏

虽然某些社交平台比较多人在使用，这并不表示，你只能够利用这些平台来经营你的社交生活。

如果你是那种需要深入交往的类型，那么你可能比较适合传统一对一的互动方式，和朋友面对面互动，应该更符合你的需要。

如果你喜欢分享信息，也不在乎有没有人看到，那脸书、Instagram、Youtube、抖音……都适合你。你也可以思考一下，自己到底期待从这样的社交活动上，有怎么样的收获。如果没有搞清楚这件事情，你很有可能会因为忙，就断了这样的社交活动。我知道还有不少人是属于潜水型的，就是喜欢当个旁观者，默默关心周遭朋友的近况。对于这类朋友，基本上只要用你舒服的方式来经营你的社交圈就可以了。但我想提醒你，偶尔还是可以帮朋友按个赞，或是留个言，让他们知道你的关心。

@人生想一想

这几年陆续有一些人在鼓励大家要回归纯朴，不要再使用社交平台。因为他们认为在社交平台上面的互动，已经变了调。我们在不知不觉中，成为这些平台操弄的对象，平台通过讯息筛选的方式，来改变我们对一些事情的态度。我不否认，社交平台上确实有讯息筛选的疑虑，但是如果你是主动出击，而不是被动等着讯息送到眼前，这个问题就没有那么严重。除了吸收别人分享的讯息之外，**我也鼓励大家可以当讯息提供者，跟其他人分享你独一无二的看法。若有很多人这么做，社交平台可能就会变得更有意思，每个使用者也会有更多的收获！**

@午夜小提醒

在抱怨社交平台太无趣之前，先问问自己，你在平台上分享了些什么。

06 网络破坏了这个世代的社交？

一些数据显示，日本有超过一百万的茧居族，而且人数持续上升中。此外，茧居族的背景很多元，也有不少高学历的人。过度侧重网络的生活形态，有可能是导致现代人社交生活出状况的原因。因为在网络上，很容易就可以认识朋友，并感觉自己和这个人关系亲密。但是，人们对于能轻易得到的东西，往往不懂得珍惜，也因此，人与人之间无法形成强烈连接，一旦受到阻碍，连接很容易就会断掉。

@心理学小科普·茧居族

这个词源自日文，指的是一种从社会中极度退缩的生活形态。根据日本厚生劳动省所赋予的定义，一个成为茧居族的人可能具备以下五项条件：

一、长期待在家中；二、无法正常地参与社交活动，如：上学或上班；三、保持这样的生活状态长达六个月以上；四、没有其他精神疾病，也没有中等至严重程度的智慧障碍；五、几乎没有亲近的朋友。虽然这样的现象是源自日本，但有研究发现在法国也有人符合茧居族的特性，也就是说这个现象可能是全球性的，只不过背后的成因不尽相同。但是，因为茧居族的征状和一些社交退缩的征状类似，所以目前在临床上，还没有一个专属的精神疾病分类。

在线、线下的社交生活

现在的中老年世代，因为年轻的时候还是以实体社交为主，对他们来说，网络，反而成为维持社交的助力。比如不少老年人因为使用通信软件和以前的同学搭上线，让自己的社交生活变得更丰富；也有不少老年人在网络上找到了以前的朋友，还很积极地跟他们在现实生活中碰面，更加强化了彼此之间的情谊。

不知道大家和朋友是怎么维持情感的呢？是在线的多一点，还是线下呢？我自己是在线多一点，因为有了孩子之后，比较难有自己的社交生活；加上本身又比较宅一点，所以在线的朋友多一些。我自己有发现，我在网络上的人际互动，比起在线下活泼外向些，可能更贴近自己的本性。**所以要说网络破坏了人们的社交生活，我觉得也不是很妥当。只是我们要学会怎么善用网络来帮自己的社交生活加分。**

网络交友的好处

不知道大家是怎么看待交朋友这件事情的呢？之前我介绍过英国牛津大学的人类学家罗宾·邓巴提出人的朋友数量，最大是一百五十人。另外，他和其他研究者共同进行了一个研究，他们在研究中比较了四十位成年人大脑不同区域的体积、他们的好友数量，以及他们臆测他人状态的能力。

结果发现，好友人数较多的人，臆测他人状态的能力比较好，此外，有一个大脑的区域前额叶基底区（orbital prefrontal cortex），也就是眼睛上方的大脑区域体积会是比较大的。但是，究竟一个人是因为这个脑部区域体积比较大，所以会有较多的好朋友，还是因为他有较多的好朋友，在跟这些朋友互动的过程中，让大脑形态有了转变，目前还不得而知。

分享这个研究，是想让大家知道，**交朋友这件事，绝对不只和我们的情绪、幸福感有关系。交朋友的过程中，涉及的能力，对于我们的大脑来说也是一种很好的刺激**。所以，千万不要因为自己一个人日子过得还挺好的，就觉得足够了。

我在英国念书的时候，刚开始有点孤单，因为心理系对语言的要求较高，所以外国学生比较少，特别是博士生中只有三位是外国学生，其中两个的母语都是英文。因为我比较慢熟，所以一开始不大知道要怎么跟别人互动，顶多就是点点头。另外，因为我刚开始花钱比较谨慎，所以同学们如果约了要去喝酒或是做些娱乐，我也不大会参加。简单来说，我在系里几乎没有社交生活可言。

主要的转变，应该是第一个情人节，我准备了巧克力送给和我同办公室的女同学们。我也不记得为什么当时会想这样做，不过，因为有了这样的举动，同办公室的人开始会跟我聊天，特别是我的英国学长，他其实很健谈，只是之前一直不知道要跟我聊什么。在跟同学们建立了关系后，日子确实比较好过。

因缘而聚，缘尽而散，不必执着

随着年纪增长，我们似乎对于认识新朋友会越来越有顾忌。如果你已经离开校园，我会建议你可以换个心态来看待交朋友这件事。**与其期待友情会长长久久，你更该认定每个人的相遇都是某种缘分。对于离别，也不需过度感伤，因为未来若有缘分，终究还会相遇。**

我觉得这不是消极，而是用一种比较宽容的态度来看待人与人的相处。毕竟开始工作之后，每个人能够用来交朋友的资源不同，不像在学生时期，大家拥有的资源相对接近。

另外，我也深信人是互助的，或者说直白一点，是互相利用。只要看透这样的道理，未来你被别人“利用”的时候，或许就不会那么难过。我知道被利用的感觉不好，但那毕竟是你决定要去做的，你自己也有部分责任。所以在面对别人的请求的时候，我会评估，万一这件事没有任何回报，我会不会想做。如果答案是肯定的，我就会去做。若答案是否定的，我就会委婉地拒绝，以免未来后悔。

面对网上的社交，大家都还在学习，因为有太多可能性，以及和线下不同的地方。我觉得未来的网上互动，绝对会衍生出一些有别于线下互动的方式，就如同以前的人很难想象可以实时跟千里之外的人面对面交谈一样。

@人生想一想

每个世代的人，似乎都有不同的社交形态。比方说，在网络还不盛行的年代，面对面的社交，就是主流形态。但是，到了现在，特别是疫情严重的时候，在线互动反而成为了主流。未来，可能转变为虚拟的社交。面对这些不同，你该问问自己，社交对自己来说有什么样的意义，以及用哪种方式，最能够帮助自己获得那样的意义。**你不一定要依照当下多数人的做法，但要提醒自己，如果你偏好的社交形态跟主流的不同，那么可能要多费一点心力。**

@午夜小提醒

交朋友最大的障碍，不是你不会使用哪个平台，而是你的心魔。

07 对别人的疏失，要有多少包容？

前几天我去接孩子下课，遇到孩子同学的妈妈，那个妈妈问我家老二有没有对什么食物过敏，我说应该没有，没见过他吃了什么之后有不良反应。听了我的回答后，这位妈妈说她的小孩对花生过敏，一吃到就会全身起疹子，有一次还为此去医院急诊。所以她都会特别叮咛孩子注意，也会请老师协助留心孩子的饮食。可是上星期的午餐，有一道餐点里混有花生，老师忘了提醒，结果她孩子吃了之后，回家全身不舒服。她说她有点不高兴，可是又觉得这有点为难老师，因为花生只是一道小配菜，老师可能没特别留意，所以也不好苛责。

有时候因为成年人的疏忽，孩子就容易发生意外。几个月前日本就发生了一出悲剧，有个幼儿园的孩子搭校车去学校，结果在车上睡着了，没有下车。老师也没发现这个孩子没进教室，等想到的时候，孩子已经在密闭的车子内待了几个小时，因为车内温度过高，孩子就被热死了。

我们不知道在这悲剧发生之前，是不是发生过类似状况。如果这名幼儿园老师曾经因为对孩子的出缺勤不谨慎，而被家长投诉，或许这个悲剧就不一定会发生。**所以，在某些时候投诉或许真的不是坏事，如果你因为别人犯的错很小，而选择原谅他，你以为这样对他们是好的，可是实际上却害了他们。**

无法弥补的伤害

有位朋友有一次网购一样东西要送给女朋友当惊喜，因为礼物包装得很好，他就没有打开检查。结果女友打开礼物的那一瞬间，脸垮了下来，因为那个东西是她最讨厌的颜色，而她之所以会讨厌，是因为那是朋友的前任女友喜欢的颜色。结果女朋友大怒，两人关系僵了好一阵子。朋友觉得很生气，想要找卖家理论，可是卖家只说："对不起，那要不你把东西寄回来换，我再补个小礼物送给你？"

面对这种即使别人愿意补偿，也不一定能弥补所造成的伤害时，该怎么办呢?

虽然这个卖家不是完全没有责任，但是我朋友也必须承担一些责任。人难免会出错，如果你下单的商家又特别热门，就算一千单只会出错一次，如果一天要处理一万笔订单，就有十笔订单可能会出错。所以，货品到了没有检查，就是你自己的疏失。女朋友生气，就像是对你的客诉一样，你要从中学到教训。比方说，你会记得以后买东西一定要拆开检查。如果担心网购的质量可能不一定好，最好选择有商誉的店家，或是直接去实体店购买，这样不仅可以检查质量，也能避免送了让女朋友不满意的礼物。

至于对卖家，朋友可以很理性地告诉他们，出错货品了，而且这个错误对你造成很大的困扰，希望他们要有解决的诚意。虽然这很明确是对方的疏失，但不表示你就可以谩骂，你在这种状况下越冷静，别人也会更严肃面对你的诉求，因为他们知道你不是因为生气而投诉。

@心理学小科普·抱怨也有讲究

美国克莱姆森大学（Clemson University）的罗宾·科瓦尔斯基（Robin Kowalski）教授认为，如果没有分清楚抱怨属于哪一种类型，无法判断抱怨对一个人是否有好处。她认为抱怨大概可以分为三种类型：发泄、问题解决、反刍。如果你知道自己抱怨的原因，就可以设定清楚的目标，也可以让自己的抱怨更容易获得期待的效果。另外，科瓦尔斯基教授认为，抱怨如同其他沟通方式，也有最恰当的时间与地点。也就是说，要天时、地利、人和，才能让你的抱怨获得最佳效果。

善用抱怨解决问题

我有个学生毕业后担任空服员，有次她回来跟学弟妹分享，提到有很多乘客经常提出不合理的要求。但是她知道她代表的不仅是自己，也是整间公司，只要这位乘客的要求没有违法，她基本上都会想办法配合，或是跟乘客说明为什么现在没有办法满足他的需求。比方说有一次，航班上特别多乘客想吃泡面，结果就吃光了，有位乘客非常生气，质问她为什么别人都有泡面可以吃，就是他吃不到。

即使她再怎么解释，那位乘客还是很生气。于是，我的学生就很礼貌地拿了客诉单给这位乘客，并跟他说："先生，麻烦你填写客诉单，说明你的不满，我很乐意帮你转给上级，让他们重视这个问题。因为我们一直跟公司反映，机上应该多准备一些泡面，可是他们都不愿意听空服员的反映。但是您是客人，公司会比较重视您的意见，麻烦您了。"

在服务业工作，难免会遇上奥客[1]。如果是面对客户的工作，过于捍卫自己的权益，可能还会对自己造成伤害。所以千万不要贸然行事，要有什么举动之前，先想想可以如何优雅地处理或是先向上级咨询。

该不该给负评？

我有一次和朋友在美国的中国城用餐，这间餐馆出餐慢，还漏单，重点是餐点也没有特别美味。所以要离开时，我们一点小费也不想给，结果被老板挡下来道德劝说，他表示这些服务员的薪水很低，如果我们没给小费，他们会没办法过生活。当下我和朋友都傻眼了，你给服务员薪水太少，

1 奥客：闽南话，指行为恶劣的客人。

又不是我们的问题，给小费本来就是消费者的自主权，我们觉得用餐很满意，就会给比较多的小费，很不满意就会少给一点，甚至不给。

后来，我们想这个老板根本不要脸，连这种话都讲得出来，如果不给点小费，大概很难走出这间餐厅。所以，我们就把身上所有零钱都掏出来，放在桌上，然后快速离开。

面对前述这种人，如果你的原则是以和为贵，反而是坏处大于好处。因为这些做坏事的人会更加为所欲为，他们会觉得反正无论自己怎么做，都不会被投诉，于是就想办法占尽其他人的便宜。坦白说，这也是为什么现在很多评价都沦为形式。大家这方面的经验一定很多，不少商家都会鼓励给五星好评，再截图给他们以换取购物优惠之类的。如果优惠很多，有些人虽然对这商家不是那么满意，也会因为想要得到优惠，而做出违心之论。

以和为贵重要吗？

大家应该问问自己，维持表面和气真的那么重要吗？为什么大家不能就事论事？如果事情做得不好，有人真心给你建议，并且愿意给你机会修正，不是更好吗？也就是说，如果不以和为贵，也要有配套措施。我们不能一方面说以和为贵不重要，另一方面又不去思考，和乐的气氛被破坏的时候，要怎么去改善。

人都不喜欢获得负面评价，但跟获得一个假好评相比，我其实更喜欢真实的负评，因为每个真实的评价都是成长的好机会。所以，如果有办法主掌满意度调查的问卷，我通常都采用匿名，因为这样更能够收到别人真实的意见。如果能够让别人知道，你收到负面评价的时候会虚心检讨，而不是秋后算账，那么你就越有机会听到别人真实的声音。

所以，到底要如何指责别人的不足，真是一门大学问，我们都要好好想想，怎么表达对别人的负评，让对方心服口服。

@人生想一想

请各位回想一下，在你过去的经验中，当老师或是主管很严格的时候，你是否比较少犯错？我自己的经验是肯定的，**当老师标准很高的时候，我会花较多的时间做准备，就是担心万一自己犯错了，会被责备**。当你身为一个消费者的时候，你就成了老师，业者就成了学生。如果用这样的方式来思考的时候，你或许就会重新看待“抱怨”。只要你的抱怨是理性的，都是值得鼓励的。**毕竟，每个人的思考都会有盲点，通过抱怨，反而能够去校正这些盲点，让自己可以变得更好。**所以，当个爱抱怨的人，也不一定是一件坏事。

@午夜小提醒

你今天对别人的容忍，就成了自己明天的负担。

08 什么时候该为自己发声？

如果你和朋友先后到了同一间饮料店买了珍珠奶茶，结果你的珍珠只有不到五分之一杯，但是朋友的珍珠看起来有将近三分之一杯。这时候你会怎么做？你是会回去找店家跟他们理论，还是会压下心中不快？或者你是很随和的人，很少会抱怨？

我们就来聊聊到底什么时候该为自己发声。

是否要客诉？

前一阵子，我去快餐店帮家人买晚餐，老二特别叮嘱我他要鳕鱼汉堡。我拿到餐点时，还检查了一下餐点数量有没有少。结果回家把餐点拿出来，发现店家给错了，我有两个牛肉汉堡，但是没有鳕鱼汉堡。我立刻问老二：“你今天可以吃牛肉汉堡吗？如果不行，我来帮你打电话问。”

老二有点伤心地说不行。身为爸爸的我，只好打电话去给店家，店家很干脆地说：“先生，要不你下次来，我们再补你一个鳕鱼汉堡。”我回答：“这没办法，请你们现在再准备一个，我等下去拿。”店家答应了我的请求，并说那个牛肉汉堡也不用带回去，他还要额外招待我们一份薯条。

我必须告诉大家，请不要完全用负面态度来看待客诉、抱怨。想想看，有一个服务员每次端菜都会不小心撞倒客人的饮料，如果从来没有人跟餐厅抱怨他的行为，那么他应该都不会改善。但是，如果今天有人跟餐厅抱怨了，那名服务员就会被提醒，之后去那间餐厅用餐且被那位服务员服务的人，就不会遭遇类似的情况了，这样不是挺好的吗？

为什么人们有不满却不表达？

为什么那么多人明明接受了不公平的对待，却选择承受而不愿意去表达自己的不满？我认为这有几个原因：

第一，不确定自己的期待是否合理。就像前面提到珍珠奶茶的例子，你可能觉得这间饮料店的珍珠比别的店家的少，但这大概是不同店家之间的差异，不一定会想要表达自己的不满。

第二，担心表达不满会导致不好的后果。就像你可能被部门小主管欺负，但是不一定敢去检举他，因为你很担心，检举之后，自己会不会反而要承担不好的后果。就像有学生可能对某个老师的教学感到不满，但是他们敢直接跟授课老师说吗？恐怕不会，因为分数还掌握在那位老师手里，如果老师恼羞成怒，成绩恐怕就很难看了。

我必须说，蛮多人是对人不对事的，所以他们会把你对事情表达的不满，理解为你是不喜欢他这个人。所以，他们日后若有机会，就会想办法报复。

第三，你可能不知道要怎么表达自己的不满。比方说，有一间工厂长期排放有害物质到河流当中，污染了特定地区的水源，导致这个地区的人罹患癌症的概率特别高。如果不知道原来有人该为你承受的伤害负责时，你当然不知道要去表达自己的不满。

最后，你可能是不知道究竟这个不满要跟谁表达，比方说你有天晚上腹泻，你不能肯定究竟是吃坏了东西，还是有别的原因。或是，你在火车站，因为人太多，结果你的名牌包被弄脏了。

@心理学小科普·哪种人格特质的人最容易对商家投诉?

人格特质会影响一个人是否会为自己发声，比方说，英国朴次茅斯大学（University of Portsmouth）的尤克塞尔·伊金斯（Yuksel Ekinci）教授做过一个研究，比较了哪种人格特质的人最容易对商家投诉。他的研究发现，比较严谨自律、开放性高的人，最容易对商家投诉。但是，一个人的外向程度，并没有如预期那样影响投诉的意愿。伊金斯认为，因为自律的人善于处理冲突且对于不好的东西容忍度低，所以他们会有比较高的投诉意愿。而开放性高的人，则由于对事物有更高的弹性，所以不会被现有做法局限，会愿意尝试新的做法，因而会有较高的投诉意愿。

选择乡愿，还是坦率？

我知道，蛮多人会觉得常抱怨、表达自己的不满，不是一件好事。我也承认，如果有一个人常常抱怨，确实会让人有点反感。

但是，如果一个人心中明明有不满，却都不表达，真的会比较好吗？就像如果你的女朋友平时对你的作为都没表达出不满，但哪次生气爆发，一次把所有的不满都表达出来，这样也不见得更好吧？

一个顺从的人相对比较容易被别人接纳。如果你的角色是个员工、被聘雇的角色，当个顺从、不抱怨的人，对你来说可能比较有利。可是如果你的角色是老板，或是有权力做决策的人，对于那些敢抱怨、敢表达意见的人，你应该要有多一点的包容。但是，你不该采取一种“会吵的孩子有糖吃”的心态来面对，而要认真去检视，这个人表达的不满是否合理，不仅仅是在抒发情绪。

我自己不排斥表达不满，但我也要有点骄傲地说，我同样是个不怕别人抱怨或是投诉的人。就像在学校教书，面对学生表达的一些负面意见，我会虚心检讨，想想学生的意见有哪些确实合理，是我可以改善的。所以，我和研究生的讨论会，常常气氛都很愉快。有个硕士班一年级的学生，因为参加了两个老师的实验室讨论会，她说自己在另一个讨论会上都不太敢说话，但是在我的讨论会上，她觉得不满的地方都会直接说。

所以，我鼓励大家，不仅该练习做一个愿意表达自己不满的人，更要当一个可以虚心接受别人对你表达不满的人。而且，千万不要因为一个人的经验比你少，就不看重他们的建议，因为每个人各有所长，也有自己的观点，不见得经验最丰富的人就一定是对的。

最后，我要用哥白尼的故事鼓励大家，如果他当年没有挑战“地球是平的”，那么人类可能现在都还对地球的样貌有错误的理解！所以，当你觉得事情是错的、是可以改善的，就想办法适当地表达，并且想想可以怎么改善，让事情有更好的发展。

@人生想一想

你是逆来顺受的那种人吗？在我们的社会上，其实蛮多这样的人，而这样的后果，就是让讲话大声的人，越来越有话语权。不是在所有事情都不如意时，都要站出来抗争，而是需要一定的标准。如果你积怨已久才突然爆发，反而是不好的，因为别人会觉得你很莫名其妙。**与其突然爆发，平时就适时宣泄自己的不满，并且理性做表达，或许比起总是当个笑眯眯的人，更会让人想要跟你当朋友喔！**

@午夜小提醒

不发声，也是一种表态，所以请勇于发声，让别人知道你真正的想法。

职场生存经

——轻松裕如，不受压榨霸凌

上司压迫你、同事孤立你，该怎么办？

没有学以致用、高成低就很糟糕？

进入职场以后要内卷还是要躺平？

找到自己的立足点，就能在职场上从心所欲。

01 职场也有PUA？

放春假时，以前毕业的学生来找我，虽然面带笑容，但他整个人感觉很疲惫，我问他发生了什么事。他回答我，他最近刚换到一家新的公司，薪水涨了不少，可是主管的管理方式让他很不适应。在他报到的第一天，主管没有特别告诉他事情该怎么处理，他虚心询问，主管却叫他自己决定。结果他上班第一天就加班，想要把事情做到完美。想不到呈上去之后，上司发现不是向来习惯的格式，就先数落他做得真差，马上把任务交办给其他人。他觉得自己确实表现得不够好，所以也很积极地去参考同事做的版本，提醒自己未来可以做得更好。

听完，我告诉他："你正在经历职场PUA啊！"学生有点惊讶地看着我说："老师，你说的是情侣之间的那种PUA

吗？这怎么能用来描述职场上的状况呢？”我跟他说，如果从PUA初始的定义去理解，确实会觉得职场PUA不合逻辑。但是，PUA的定义已经从早期谈论怎么运用一些技巧，来让别人对自己着迷，演变为一种有点病态的，明明被欺凌却觉得对方是因为爱自己，所以才会有这些看起来像欺凌自己的举动。像是有些男人会挑剔女友的各种小事，让女友觉得自己真的很糟糕，但男友还是对自己不离不弃，所以依旧很爱自己的男友。

他听我这么一说，有点顿悟。我提醒他，之后工作上如果遇上什么状况，不知道怎么处理，一定要寻求协助。

其实不管是大家熟悉的PUA也好，或是职场PUA也好，都跟一个心理学现象有关系，就是认知失调（cognitive dissonance）。所谓的认知失调指的是，一个人对一件事物的态度和他展现的行为大相径庭。

@心理学小科普·认知失调

认知失调的由来是利昂·费斯廷格（Leon Festinger）与梅里尔·卡尔史密斯（Merrill Carlsmith）1959年的一个经典实验，学生们被要求进行烦琐且无意义的工作，过了一段时间，会被告知实验已经结束，可以离开了。但在他们离开前，实验者做了一个小小的请求：他们被告知要去说服另一名学生接受实验。有一组参加者以二十元受雇，另一组则是一元。

整个实验结束之后，那些在一元受雇组的人比起其他在二十元受雇组以及对照组之评价显得更为肯定。费斯廷格和卡尔史密斯认为，当只被给予一元时，学生们被强迫内在化他们被诱导表现而产生的态度，因为他们没有其他正当的理由，也就是说，他们产生了一种态度失调的状况。

职场PUA的各种样貌

其实职场PUA有很多形态，我学生经历的是蛮常见的一种：不断否定你的表现，通过这样的做法，让你丧失自信，进而愿意顺从主管的指令，因为你自己的做法一定会被否决，所以不该采用这种方法。

另一种职场PUA，也是对你的否定，只是否定的是你个人的特质。比如说，有人会说你怎么做事情这么没效率、你怎么那么粗心、你怎么学习新事物总是那么慢……听到这些批评的时候，你很容易就会被说服，尤其如果很多人都这样讲，你就更容易相信这样的评价是真的，也会认同别人对自己的评价。

还有一种常见的职场PUA，就是扭曲价值观，明明是找你麻烦，却会说他是在给你练习的机会，一切都是为了你好。资浅的时候，你很容易忽略这个类型的职场PUA，因为认为自己真的需要多练习，主管给了练习的机会，还不收学费，感谢都来不及了，怎么可能还提出抗议呢？有些企业端看准了实习学生的心态，会对实习工作提出很多不合理要求，说难听一点，就是压榨。

我有一个学生很想要成为网页工程师，于是他参加了一个培训计划，后来被分配到一家企业实习。他做的事情跟全职员工没多少差别，领的薪水却不到全职员工薪水的五分之一。他的同学看不下去，请我提醒他，不能别人叫他做什么都不懂得拒绝。我找他来问，他跟我说，虽然很累，偶尔也会觉得自己做很多、赚很少，有点不公平，但他觉得自己在过程中学到很多，而且自己做的成果也还不够好，有这样的待遇已经不错了。听他这样讲，我也只能提醒他：不要太顺从，否则久了会习惯被这样对待，是不好的。

或是，有些老板会先肯定你的工作能力，然后顺势要求再多做一些事情，你也很容易会因为觉得自己若不答应，好像很不给他面子，于是就成了职场PUA的受害者。

主管真的在PUA你吗?

不管你经历的是哪一种职场PUA，有一件事很重要：不要把所有的负面情绪都合理化，认为是理所当然。你的直觉不会骗人，所以如果你觉得不舒服，就要相信当下的情境有问题。有这样的感知很重要，千万不能习以为常。因为我们都很容易受到过去经验的影响，如果从一开始面对这些不舒服的感受，采取的态度就是忍耐，那未来面对更强烈的不舒服感受时，你有很大的概率会继续忍耐。就像有些袜子，一开始很紧，但是你的脚把它撑大了，袜子就变松了，道理是一样的。

但是，有感知不代表你就一定要即刻反击。你应该先了解事情的全貌。有时候，你以为自己已经表现得够好了，但实际上因为经验不足，你的表现真的只能算差强人意。你觉得其他人在为难你，其实是你做得不够好。**遇到任何批评，**

如果不先自我检讨就反击，下场反而可能更惨。

处理职场PUA的方式

如果你确定自己经历了职场PUA，一定要先做两件事。第一，保存记录，不一定要用录音或是其他侵犯别人隐私的做法，但至少要记录自己当下的遭遇，以及你自己的感受。之所以要做记录，是因为我们很容易记忆扭曲，有可能把这个状况记成没那么严重，也有可能夸大它。为了避免这样的状况，在当下赶紧做记录是最好的。

第二，要让别人知道。让别人知道你经历了这样的状况，一方面是别人的观点会比较客观，更能够帮你做出合适的判断。还有一个很重要的目的，就是当你哪天需要人证的时候，这些人或许帮得上忙。

@人生想一想

我希望多数的朋友，**在职场上如果真的不开心，就对自己宽容一点吧，不要为了赚钱而做出太多牺牲**，你如果为工作卖命而忽略其他，最后承受最多损失的就是你自己。因为企业可以找一个新员工来递补你的位置。但是，哪天你的健康没了，或是出了什么状况，谁来做你的递补呢？

@午夜小提醒

长期被职场PUA的人，也会开始对别人PUA而不自知。

02 工作不可能事事如意，你要如何面对？

学生抱怨老师、学校是一种日常；对于上班族来说，抱怨老板、工作也是一种日常。在我的经验中，很少有人对自己的工作全然满意。像我虽然很喜欢在大学教书，但是一样可以列出一长串我不满意的部分。工作上的不如意，因为牵涉到经济问题，和其他生活中的不顺心有一点不同，应该鲜少有人因为工作上的一些不如意，就毅然决然辞职。在这个篇章，我们就来谈谈，要怎么面对不同类型的职场不如意。

主管打一棒子再给一颗枣

职场不如意的主因，很多都与主管有关。比方说有不少主管对自己交代过的事情反悔，一件简单的事情常常被弄得很复杂。口口声声说要大家遵照某些规范，实际上主管自己又最常破坏这些规矩，到头来还把过错怪到部属身上。这样的主管常常会先把下属骂得一无是处，但可能过了一天又来道歉，说什么他当时没那个意思，请不要在意。

前述的主管就是很典型的职场PUA例子。遇上这样的主管，要尽可能梳理出一套他也认可的作业流程。虽然这招对于这种上司效用似乎不大，因为他的指示总是反反复复。不过，至少在他要责备你或同事时，你们可以表示，处理方式是根据之前他也认可的作业流程，以求自保。如果主管觉得这个流程需要修改，你可以表达自己一定会配合，只要他能够确定心目中理想的作业流程。

另外，我要提醒的是，千万不要心软，因为主管事后道歉，就觉得他没有做错任何事。只要他先前是没来由地责备你，就该被记上一笔。当然不是说，你就要反击或是累积到几次就要去投诉他之类的，**而是要让自己对这个主管的态度客观些，不会受到他今天骂明天疼的影响，把他的作为都合理化，认为心里不舒服都是自己的问题**。

如果这位主管上面还有更高层的上司，那么不妨把主管一些不合理的举动都记录下来，在觉得无法再承受的时候，报告更上层的上司来介入处理。

@心理学小科普·领导风格满意度

领导风格对于员工的工作效率及工作的满意度，是一个常被研究的主题。比方说，有研究针对零售业的员工调查，发现变革型的领导风格（transformational leadership）对于员工的满意程度有影响，变革度越高的，员工的满意度越高。此外，不同的员工特质，对于不同的领导风格也会出现不同的反应。所以，大家未来在找工作的时候，或许也可以先打听主管的领导风格，否则自己可能会吃到苦头。

还有一种职场常见的主管，喜欢倚老卖老，只要事情没有照他说的去做，他就会生气。就算因为采用他建议的方法出了错，他也会苛责那是因为部属不够努力，或是哪个小环节有疏失，才会失败。否则，他过去几十年用同样的方法，从来都没有失手，怎么可能现在会遇上问题。

这个主管可能不是坏人，但是你要怎么跟他沟通，让你尝试你认为比较好的做法，避免用了不好的做法而导致失败？毕竟，主管绝对不会认为你失败是因为用了他的错误建议，他只会觉得是你没有好好执行。

上司的建议真的不好吗？

不少职场工作者都有某种刻板印象，主管会觉得年轻人就是不懂事，年轻人则是觉得主管的观念老旧，跟不上时代。很多事情，观点不同，关于对与错的认定，也会截然不同。所以，多多沟通，不要马上就否决别人的建议。如果希望上司采纳你的建议，你要想办法让他知道，你想要采取的做法，和他的有哪里相似，只是在哪几个部分做了些微调整，也请他给你建议。这样做会让他觉得你不是否定他过去的经验，而你请他提供建议，也是对他的尊重，主管会有较高的意愿，让你去做新的尝试。

更重要的是，用这个改良方法完成工作之后，你要跟主管核对这个做法的优缺点。如果你的做法确实更好，也可以顺势向主管提议，是不是以后都可以采用这个新做法。当然，如果有不如预期的部分，你也可以和主管讨论，可能是哪个环节出错了，以及下次要继续尝试新的做法，或是要回归原本主管属意的做法。

自己当老板会更好？

或许有人会想，工作那么多不如意，主管处处掣肘，自己当老板总行了吧？

其实，工作上的不如意，并不会因为你当了老板就消失。就算你的员工都很棒，你也可能会因为合作厂商出错，让生意受影响，而一样不开心。**总之，工作上遇到不如意是常态；能够快乐工作反而难能可贵**。

因此我提醒自己，也提醒各位，不要过度放大工作上的不顺遂，假设你一天工作十二个小时，那么这个不顺利就应该打五折，也就是说，你应该把这个不顺利减少一半的强度。因此，你不该花那么多的心思处理这个不舒服的感受。

在我家，我和太太有个默契，绝对不在餐桌上分享工作上的不愉快。毕竟，用餐是愉快的事情，也是家人难得相聚的时刻，不该用一些无关的事来搞坏这个气氛。如果你是独居，也要帮自己划分出界线，比方说回家之后，有一个时段就是完全不处理工作。这些仪式感的作为，看起来微不足道，却往往能发挥不错的效果。

@人生想一想

我觉得，**很多人在面对工作上的挫折时，有一个错误的观念，就是把工作看得太重要。**不少人在工作上受挫，就整个人都像颗泄了气的气球，连放假也没办法放松。**即使工作是你的生活重心，它依旧不是你这个人的全部，你没有必要把工作上经历的一切，当成自己人生的全部。**

@午夜小提醒

一旦遇上了惜才的伯乐，你就该不离不弃。

03 没有学以致用，很糟糕吗？

前阵子，我和一位很久没有联络的女同学在路上相遇，我问她现在在哪儿高就。她说她念完博士之后，一直担任研究员，小孩出生之后，她就全职在家带孩子。

不过，她说她自己的爸妈，以及蛮多的亲戚都不太谅解，觉得为什么她念了一个博士，结果竟然在家带孩子，现在孩子都上幼儿园了，她居然也不回职场。我问她是否没有想要回去工作。她说也不是完全没想过，只是到了这个年纪，高学历的人要找工作，不分男女，真的都不容易。即使你想去做一些较基层的工作，老板往往不敢雇用。想要回到研究岗位上，也会被质疑跟大环境脱节了好几年，是否跟得上节奏。

道别的时候，我忍不住提醒她，只要有在做让自己开心的事，也没有影响别人，就别在意闲言闲语。

学以致用，细想怎么定义“学”

在我同学身上可以看到，一个高学历的人如果放弃工作，回家做似乎不需要学历也可以做的家庭主妇，就会被调侃真是浪费了所学。我对这样的论点很不以为然。因为第一，多念了点书的人和没有念书的人在照顾小孩上可能会有点不同，如果有一些相关知识，就能套用在照顾孩子身上。像我同学念了心理学，可以把所学应用在育儿上，我觉得是很有帮助的。

第二，为什么念了哪个科系，未来就一定只能从事某种行业呢？读了中文系就只能去当中文老师、文字工作者吗？念了心理学的人，就一定要当心理咨询师吗？我不认为如此。**简单来说，在我眼里，学以致用的想法是非常过时的。**

虽然在别人眼中，可能会觉得作为大学教授的我也是学以致用，我凭什么叫大家不必一定要学以致用。但是，在学习过程中，心理学博士学习最多的是做研究的能力。如果没有人特别提供机会，你也没有去找职缺，一个具有博士学位的人不见得有能力当老师，把知识传递给其他人。所以，在我眼中，念了博士学位的人，如果没有学习怎么教书就去担任大学老师，也不能说是学以致用！

我们应该把“学习”定义得更广泛一些，泛指任何不是天生就会，而是通过后天学习才具备的能力。若从这样的观点来看学以致用，就不会有太多矛盾了。

@心理学小科普 · 问题导向学习的优缺点

近年来，问题导向学习（Problem-based learning）受到教学现场的欢迎，因为这种教学方式的重心不在知识传授，而在于学习者要如何利用知识来解决问题。某种程度来说，就是要让学生觉得，学到的知识可以帮助他们解决生活中相关领域的问题，不至于学非所用。

但是，并非所有知识，都能很容易采用问题导向学习的教学形态。此外，若过度强调问题解决，也可能导致学习是片断的，不利于学习者把知识做更广泛的应用。

怎么面对学无所用?

学生常会问我，说他就要毕业，可是不知道自己的专业可以怎样使用，我就会分享过去毕业生的诸多例子，后来甚至做了一个Podcast节目，跟大家分享，心理学系毕业生其实可以从事很多行业。想到心理学，大家可能都会想到心理咨询，但是我们有学研究方法，也有学习统计学，这些在很多行业都能有很好的应用。所以，根本就不存在学无所用的问题，只是不够用心去想罢了。

如果你自认是学无所用的族群，你可以找一个自己领域的典范，看看他怎么发挥所学。当然你不可能一开始就设定自己也能做到那些事，但那是一个可以让你看到可能性的方向。你不见得要做一模一样的事情，也可以做些调整，更符合自己的专长，或许就会找到学以致用的方式了。

只要做你擅长的事，就没有学非所用的问题

我任教的系所会收一些体育专长生，目前就有一位学生有击剑专长，她曾经在国际大赛得到第一名的殊荣，若没有

疫情，她本来还有机会去参加东京奥运。之前她来找我，说她想要做研究，因为她想要出国念体育心理学，希望成为专业的体育选手咨商师。在她进入实验室一段时间后，我问她：“你现在不练习击剑了吗？”她说还是会，但是她已经过了巅峰期，现在参加比赛只希望能得到前三名，赢得一些奖金补助。我有点讶异，因为她才二十二岁，居然就已经过了巅峰期。不过，我很肯定她对自己的人生规划，因为知道职业选手生涯已经结束，提前做了安排。

每个人在人生的不同阶段，最擅长的事可能都会有所转变。所以，我们都该保持一颗开放的心，不要觉得自己一辈子只要会做一件事情就好，这样很容易出现职业倦怠，也有较高的可能性被淘汰。就像现在，如果不会用计算机，很可能就会被淘汰了。

即使你的工作岗位没有进修的要求，我都鼓励你每隔一段时间去做一些进修，为自己的能力做些提升。有时候，也不用在进修之前就很功利地认为学了这个，就是要达到什么样的目的。既然是一边工作一边进修，那么一定要学一些自己觉得有趣的事情，不然会很容易放弃。

像我就发现，虽然我主观上认为学习程序设计很重要，但是往往学了一会儿，就会倦怠、想放弃。相较之下，如果是学习使用一个软件，做一点好玩的事情，我就比较愿意花时间去做。

@人生想一想

曾经有管理学院的教授针对毕业生做了一个调查，他发现学生可以分为两类，有一类在找工作的时候，只要基本条件满足了，就会接受这个工作的邀约。有另外一类毕业生，会想办法找到客观条件最好的工作。相比之下，第二类人的平均收入确实比较高。但在几年后，他发现第一类的学生虽然赚得比较少，但是对于自己工作的满意度比较高。也就是说，**在工作上能不能开心、有成就感，这跟你做什么事情，以及获得多少，关系并不大。真正关键的是，你自己的心态，以及你怎么看待自己的工作**。只要你乐在其中，那就足够了，因为这才是最重要的。

@午夜小提醒

学以致用听起来很美好，实际上是画地自限的乡愿。

04 高成低就，是问题吗？

你知道大学教授和水电师傅，谁赚的钱比较多？多数人可能会认为是大学教授。但是，在很多国家，大学教授赚的其实并没有水电师傅多。有人可能会说，那是因为水电师傅很辛苦，如果可以选择，他宁愿当大学教授，也不要当水电师傅。不过，每个职业都有那个行业辛苦的地方，像水电师傅的辛苦，可能在于劳力付出，工作有一些危险性。大学教授虽然劳力付出不多，但是劳心，而且有时候要花很长的时间，做一些没有实质收获的事情。

那么，如果有一个人原本是大学教授，后来转行去当水电师傅，你会怎么看？你会觉得他高成低就吗？如果你这样想，那么你已经落入刻板印象之中。

别落入社会刻板印象

我有个听友是管理学博士，念书的时候就特别喜欢跟人接触。因缘际会下，他没有进入大学教书，而在他考虑根据自己的特质转换跑道时，刚好有朋友创业要找业务人员，问他有没有兴趣。虽然是有前景的行业，收入也很不错，他还是有点犹豫，自己就去闯一闯、试一试，还是该找一份适合博士学历的工作?

他会有这种想法，其实是深受社会刻板印象的影响，认为哪种学历就该做哪种行业或身份的工作。

可是，一个人是否能把事情做好，和他接受多少教育以及接受什么类型的教育，其实没有太大关系。重点是，这个人的能力。当然，在正规教育体制下，接受越长时间的教育，理当为这个人带来一些正面影响。就像，一个人如果读了研究所，不管是拿到硕士或是博士学位，应该都更具备主动发掘问题、解决问题的能力。毕竟，做研究不是别人告诉你要做什么，以及要怎么做，才去执行的。

@心理学小科普 · 职业的社会刻板印象

因为一些刻板印象，某些特质会和职业绑定在一起，像是男医生、女护士等等。这种社会角色的刻板印象，是一个恶性循环，因为人们会被期待要去做那些符合社会期待的职业。虽然近年来，性别与职业的绑定不如以往，但是其他社会刻板印象，依旧和社会角色有紧密的关系，像是博士如果去卖鸡排就会被调侃。若我们希望打破这样的恶性循环，就该致力每个职业中的多样性，不要只有特定学历、性别等的人来从事某种职业。

一定要男主外女主内吗?

有个朋友的太太是企业高级主管，收入很高。在他们有了一个小孩之后，太太因为不放心把孩子送给别人照顾，就希望身为老公的他，可以在家照顾小孩。因为他的收入真的比太太少太多，他知道如果夫妻中有一个人要在家照顾小孩，肯定不会是太太。只是，他蛮犹豫自己是不是要这样做。

这样的情况，其实反映了我们的社会还不够成熟，因为像在挪威，就有九成的男性会选择请十五周的育婴假来陪伴孩子。当然，挪威也不是一直都有这么高比例的男性会请育婴假，是从90年代才开始的。

我知道朋友犹豫的很大原因是担心别人的眼光，以及自己日后返回职场会有困难。这些议题虽然都重要，但更重要的是，他要思考的是自己是否适合当家庭主夫。有些人天生就擅长处理家务、照顾孩子，但对有些人来说，处理家务就特别劳心劳力，更别说是照顾孩子。

我鼓励我的朋友不要想太多，别担心别人的眼光，因为男女角色一直在转变。

回归家庭与重返职场

因为我的工作时间比较弹性化，所以通常都是我带孩子去打预防针。在候诊间几乎都是清一色的女性，我常会觉得不自在。但这种不自在，是来自她们让我受宠若惊的认可。有些阿姨讲话比较直接，“你很厉害欸，自己一个人带小孩来打针，如果我家女婿也可以这样，那该多好。”

比较有趣的是，医师似乎认为我是单亲爸爸，不然怎么每次都没看到妈妈同行。本来老婆还不相信我的说法，有次她刚好有空，我们一起带孩子去打针，医生果然问她：“今天妈妈怎么有空来?”

至于类似朋友担心的重返职场问题，如果担心自己完全从职场退出，返回有困难，可以想想在照顾孩子之余，如何经营自己的职业生涯。若有可能接案，当然最好，那样的压力会比较小，也可以规划自己的空闲时间。不过，这比较适合照顾孩子已经上了轨道，才开始规划。**千万不要一开始还在手忙脚乱，就担心自己会和职场脱节，硬要逼自己两者兼顾，这样反而可能什么都做不好。**

虽然社会上每个人都有各自的权利义务，但谁说你只能做某些特定的事情呢？像我有一位医师朋友，他觉得除了在诊间看诊，也很希望提供给大家正确的医学知识，所以就经营了自媒体，通过一些短片，让更多人有正确观念。不过，他也不是完全不顾规范地去做自己想做的事，比如一些医疗行为很复杂，他知道不适合通过短片来传播，所以他在影片中绝对不会建议什么病症要用哪种治疗法，他知道医师的职责是在了解病患的状况后，提供最适合病患的建议。影片这种单向通道，不太适合做这样的事。即便通过直播，他也有所保留，因为他说很多病人要真正进了诊间，医生才能察觉他们的病症，而不是仅凭病人陈述，或是看他们的面相，就会知道。

更何况，放眼未来，还有很多角色是现在不存在的，如果都要照着社会规范来告诉自己该怎么做，不存在的角色又该怎么做呢？就像现在，虽然人工智能还不会为自己争取权益，但未来有一天，人工智能也可能会跳出来争取自己的权益，届时就需要有懂得人工智能以及法律、伦理学的专业人士，才能处理这样的事情。

@人生想一想

与其希望自己该扮演好何种角色，你更应该要跳脱职业角色来思考。你该问自己，到底现在以及未来的社会上，需要哪种专业的人，以及你必须学习哪些内容，才能让自己具备这样的专业。

你我或许都不是那么有前瞻性，但我们至少可以培养一个愿意学习，且可以好好学习的能力。我们不一定要当第一个具备这种专业的人，但我们要争取当第一批具备这种专业的人。

@午夜小提醒

一个敬业的蓝领，比一个怠职的白领更令人敬佩。

05 选择内卷，还是躺平？

一个月前，我阿姨打电话找我，她很担心地要我帮忙劝劝表弟，说他自从被公司资遣之后，已经在家里窝了一个月。刚开始，阿姨在他面前尽量不提工作、钱之类的事情。可是一个月过去了，阿姨见他仍然不急，于是想要我这心理学教授，帮忙想想办法。

我约表弟出来吃饭。我没有一开始就提工作，而是吃饭吃到一半，不经意地说："听阿姨说你在找新工作，是因为旧工作不好吗?"表弟也没直接说他丢了工作，只说他工作不开心，觉得自己每天都在做重复的事，也看不出什么进展，而且每个同事都加班到很晚，他也不敢先下班，通常一回家洗完澡，倒头就睡，周而复始，他觉得没办法再继续这样的日子。

我觉得有点心疼，就提醒他，如果工作真的不开心，就要做个改变，不要把自己的意志力都消磨掉了，到时候什么事情也不敢做。

我想不少人也跟我表弟有类似的经历，不然这几年就不会有内卷、躺平这样的说法。

@心理学小科普·内卷是一种适应策略

有人针对中国新进的大学教师进行研究，他们发现这些新进教师虽然感到很没有安全感和焦虑，但是他们为了获得终身教职，会把加班行为合理化，作为达到适应大环境要求的一种策略。也就是说，面对环境的压力，内卷对个体是有帮助的；从组织管理的角度，内卷似乎也是有利的做法。不过，这样的做法有风险，因为唯有当事人觉得别无选择的时候，才会引发内卷的行为。一旦当事人觉得有其他选择的时候，就不会用内卷的方式，来面对环境的压力。

用有效的方法工作

回顾人类历史，如果不是一些勇于挑战的人，我们可能都深受内卷之害。不用回顾太久以前的历史，就拿网络当例子，如果在四十年前，网络没有被定义，体系尚未建置，人们对于知识的掌握也不会那么快速、普遍。就像你可能第一次听说“内卷”这个词，可是如果你有兴趣，马上就可以搜索，就会找到很多相关信息。

面对这样的变动，有些人选择拥抱这样的发展，但仍有一些人会觉得只有书本上的知识才是对的、才值得流传，所以拒绝用这种方式来获取知识。**坦白说，这种觉得“我只要努力，就够了”的坚持，实在不值得赞许**。我不是否认看书的价值，而是当有更好的方式可以协助我们做事的时候，没有必要抗拒使用这个方式。

想想看，你在工作上或是生活中，是否都用最有效的方法来做事呢？还是有时候，因为已经习惯使用某种方式，所以即使知道有更好的做法，也不愿意改变？

就像我以前都用纸质行事历来管理行程，即使已经使用智能手机的头几年，还是坚持用纸质行事历，因为我觉得这样可以快速掌握自己的行程，比智能手机中的行事历方便。

直到有一次行事历弄丢了，我想做个改变，才开始用智能手机中的行事历。

忙盲茫，你到底在忙什么？

除了使用不同的工具之外，你自己是否采用不同的工作方式，也会有极大的差异。我有一个学生之前去一间电信业者的客服中心服务，他的任务是分析客服系统的流量，并且预测每日的派工。他原本以为自己会得到很多资料，然后任由他发挥，结果发现完全不是这么一回事。他一开始还不知道原来大家对他的工作有不同的期待，他很认真地分析了资料，提报了派工的建议。结果被资深员工批评他不懂事，他们根据多年经验一看，就觉得他的分析有问题。后来，他发现，他的资料分析对派工根本派不上用场，因为都是资深员工靠经验来做判断，他蛮失望的。

在他要离开公司之前，他做了一个预测公式，并且验证了其有效性。他看到自己的公式能有那么好的预测能力，心中感慨：就算向上级汇报，他们也不会认真看待这个结果，于是他一个字都没提。

以我学生的例子来思考，如果那家企业愿意接纳他的做法，就不一定要仰赖那么多人力来做派工预测，就可以把时间和精力用在别的地方，如果没有其他需要忙的，大家也可以不用长时间加班，不用把时间和精力都花在工作上。

各位在岗位上是不是也曾遇到同样的状况呢？你是不是感觉很忙，但其实根本没想清楚自己要做什么，以及要怎么做，因为担心一旦自己停下来了，就没办法把事情做完，于是只能拼命往前跑。这样的做法有点像第一次被放进迷宫的老鼠，没来由地到处乱闯，幸运的话，会找到迷宫的出口，但有时候还没有找到出口，可能就累瘫了，只好停在原地。

或许是因为现在比较多人觉醒了，或许是因为企业没办法提供一个美好的愿景，世界各地都出现一个现象：很多人宁愿不工作，也不愿意为了混一口饭吃，去做一些自己觉得没有意义的事情。

另一种躺平

国外很流行空档年（gap year），有些人是在高中毕业，还不清楚人生方向的时候，选择去海外当志愿者，或者单纯去四处旅行。某种程度来说，也可以说这些人是躺平。但是，不少人是借由这一年找到了自己人生的方向，甚至结识了好朋友，那么这段时间就算是躺平，也很值得。

我就有一位朋友，在阿里巴巴工作了多年，她在一年多前毅然决然地离开了公司，现在正在进修硕士学位。若从赚钱的角度来看，念书的这段时间，就是像躺平了般没有收入。实际上，她利用时间进修，帮自己积累实力，未来不管是创业也好，转行也罢，都增加了不少筹码。所以，稍微休息一下，不要给自己那么大的压力，也不是一件坏事。

在国外有越来越多的人选择找一个或多个兼职，而非全职工作，让生活可以多一点弹性。某种程度来说，也是一种不被物质欲望制约的做法。这和躺平主义之间，有部分雷同。

积极佛系

这几年，我采取一个我自己称为积极佛系的做法。积极和佛系看起来是两个很冲突的概念，**但我所谓的积极，是指你有决定权，可以有所发挥的部分，而佛系则是针对那些自己无权改变的事情。也就是说，针对自己可以努力的部分，**

我会想办法做到最好，而那些我自己没有决定权的事情，我就选择躺平。

但在决定要这么做之前，请先确认自己的生活或是工作中，你能够掌握的到底是多是少。如果你根本连一半的主控权都没有，那么积极佛系的做法恐怕不适合你。因为别人对你有很多期待，你如果面对他们的期待都很佛系，会让人观感不佳，觉得你就是不够认真，会很容易被淘汰。

也因此，大家需要选择的，不是究竟要内卷或是躺平，而是你究竟想要对自己的人生有多少主控权。如果你觉得自己是不想要做决定、不想要冒险，或许找一个不需要想太多，只要照着别人指令执行的工作，对你来说会是更好的选择。也就是说，比较贴近躺平的做法。

若你不想要陷入太自我耗尽的生活形态，在找工作的时候就要慎重，多评估一下企业能提供给你的是什么，而不要单纯只考虑薪水、交通、升迁管道等事宜。

@人生想一想

苹果公司的创办人之一贾伯斯曾说：“**自由从何而来，从自信来，而自信则是从自律来。学会克制自己，用严格的日程表控制生活，才能在这种自**

律中不断磨练出自信来。”越自律的人，在生活中越有底气。

@午夜小提醒

只有不是真心做事，你才需要考虑自己要内卷还是躺平。

06 需要讨好同事或上司吗?

你在职场上会刻意拍上层马屁吗?有些人可能对于拍马屁很反感,会觉得有人想要靠关系来得到好处,而不是凭借自己的努力。我以前也是这样,觉得拍马屁是一种不入流的手段,为什么要靠谄媚别人来获得好处呢?

但是,我后来发现,有些人在做出那些看起来像恭维的行为时,并没有想太多,只是想要让彼此都开心罢了。其实拍马屁可以很单纯地解读为:对别人表达善意。倘若有个人是对所有人都会表达善意的,那也没什么不好吧?当然,**如果他只对那些跟他有利益纠葛的人表达善意,确实会让人有点反感。可是,表达善意本身并没有错。**

讨好以弥补自己的错误

因为个性的关系，我觉得自己可能会不经意伤害到别人，所以会刻意做一些讨好别人的事情，来帮自己加分。比方说，我知道有长官欣赏某位运动明星，在有求于那位长官的时候，我就会故意分享这位运动明星的动态，还注记长官的名字，让他知道我也在注意他喜欢的明星。我也会选购适合价位的周边产品，在适当的时机点送给这位长官。

不过，我知道有些人比较介意这样的做法，那也没关系，只是你可能会比较辛苦，特别是群体当中，多数人都采取讨好别人的做法时，你坚决不这样做，真的很容易吃亏。当然，如果你位阶比较高，你也可以期许自己，不要过度被这些小善意影响，要尽可能秉公处理。

@心理学小科普·讨好行为的起因

社会心理学家杰·厄利（Jay Earley）博士，依据内在家庭系统（internal family system）的理论，推论惯性讨好的人，通常都是在小时候养成这样的习气。因为从小在与家人的互动中，总是被告知要以别人的要求为主要考虑；只有达成要求，才会被肯定。因为很怕别人不喜欢自己，久而久之，养成了这种习惯。更进一步去剖析就会发现，讨好行为的背后是恐惧，害怕不被人接受、肯定，所以要去巴结其他人。

不懂得奉承上司，功劳被抢

我有个朋友不明白为什么自己在工作上很努力，但总是不被认可。有次因缘际会下，他听说自己单位有个同事老是跟主管说他的坏话，并把功劳都揽在自己身上。他听了之后很生气，但是不知道自己该去揭露那个人的恶行，还是该想办法反击。

我的朋友比较老实，不太会去算计别人，也不太会去巴结别人，在职场上，人际关系比较差。相对来说，他要捍卫自己的权益就比较困难。

我建议他想办法确认主管是否都接收到自己上交的报告或工作成果，并且多做一些说明，让主管知道这件事是他个人的贡献。另外，也可以公开感谢其他同事，没有他们的协助，他可能没办法顺利完成任务。

这样一来，没有直接攻击陷害他的同事，却避免了那个同事抢走他的功劳。在职场上，以和为贵蛮重要的，因为你不知道对方会不会记恨，逮住机会就对你不利。

绩效压力大，同侪关系紧张

有些企业采取严格的管理机制，重视绩效而不论年资，是高度竞争的环境。因为这种气氛，大家都很怕别人抢走了自己的成果。

在这种高压的公司，应该不少人都渴望朋友的支持。如果公司前景很好，想要继续留在这里工作，或许可以在其他部门找一些跟自己比较没有利害关系的同事当朋友，最好彼此业务不重叠，不会相互受牵制。

想办法在工作场域交一些朋友，因为这些人最能够了解你在工作上的辛苦，也比较有可能直接给你支持。如果尝试后发现，真的不容易，那么可以认真想想，是否要换个工作环境。毕竟成年后，你醒着的时间有一半都在工作。如果长期处在这样高压的环境，不仅对身体有害，对心理状态也有负面影响。

我有一个学生，他曾经在一家全球前五百大的企业工作，不过他前一阵子辞职了。我问他为什么不干了，是赚得不够多吗？他告诉我，工作赚得真不少，可是他老觉得自己是在燃烧生命赚钱。他工作好几年了，在公司只有几个交情浅薄的同事，存款虽然多了不少，但头发白了，健康变很差。他觉得如果继续这样下去，肯定会出事。而且一个月前，他有点交情的一个同事因为长期加班病倒了，所以他更确定自己做不下去了。而且他喜欢交朋友，在这家企业里，大家都很忙，根本没人有心情交朋友，他实在不想要这样，所以老早就想要离职了。

在职场上，每个人都需要几个可以谈心的朋友。如果努力之后也交不到可以谈心的朋友，如此高压之下，还是换个工作环境吧，这样对自己的身心都比较好。

没有派系、团队气氛好才是好的工作环境

不过，最好的情况还是企业内部没有派系之争。因为企业真正的对手，不应该是内部的同事，而是其他的竞争企业才对。大家也不要觉得只有企业才会内斗，我听说过有大学

系所，老师们一言不合居然打起来的；还有老师受不了被霸凌，选择离开学校。

如果发现自己企业内部有内斗的状况，最好就开始找下一份工作。因为不能团结的团体，力量终究难以发挥。不团结的大团队，可能还不如团结的小团队呢！这也就是为什么，总是有些小公司能够在业绩上扳倒大公司。我讲个极端的例子，今年稍早，美国一些散户投资人发起要炒作某一只股票的风潮，一开始大家还不以为意，但想不到这炒作居然成功了，这家公司的股价在三周内涨了十二点五倍。一些放空这家公司股票的投资公司，都因此大亏本。所以说，团结是很重要的。

所以，大家找下一份工作的时候，记得把团队气氛放在选项中。因为工作已经够辛苦了，如果气氛还不好，那真是很痛苦的一件事呢！

@人生想一想

在很多剧集中，都会有刚入职的员工帮老板背黑锅的情节；或是有员工明明照着老板的指示做事情，一旦出错了，却被说成是自己自作主张。真实的职场生活，大致上也相去不远，**因为多数环境都**

是尔虞我诈，你不能只顾着讨好别人，而没有保护自己权益的作为。不过，我不是鼓吹大家都不要对别人好，而是你不应该不计一切；在对别人好的时候，也不该抱持着要有所回报的心情。

@午夜小提醒

要让别人记住你的好，你该做的不是阿谀奉承，而是雪中送炭。

07 在职场被孤立，怎么办?

几年前有一出韩剧叫作《未生》，讨论的是一群刚入企业的实习生的故事。故事当中，有一个人凭借关系空降到这家企业当实习生，不少实习生都会故意排挤他，所以有一次他们到外面出差，他就一个人被丢下。

或许因为他自己比较自卑，所以面对别人对他不理不睬，都默默承受。好在后来，他凭借着自己的努力，以及一些好运气，扭转了其他人对他的印象。这出剧特别适合职场新鲜人，看了一定会感受特别深刻。

在职场上，你是否也有过这种被孤立的经验？你又怎样去面对呢？

刚进企业导致的孤立

面对这种到新环境而形成的孤立感，最容易破解的方式，就是缔造一些工作之外的共通性。有些公司会通过团建（team building）的方式，来让大家更有凝聚力，也就是借着一些活动，来增加彼此的共通性。除了团建之外，你其实也可以想办法了解大家各自的喜好，借机拉近彼此的关系。比方说，你看到同事常常喝奶茶，你可以请他喝你觉得很有特色的奶茶，或是请他推荐你好喝的奶茶。

大家不用觉得这种搞关系的手段很别扭，我们和不熟识的人要建立关系，本来就需要一些非凡的手段。我就有个大学同学，在美国念博士时，因为指导教授很喜欢打网球，他就从零基础开始练习，到毕业前已经可以参加业余比赛，还拿过前几名呢！

@心理学小科普·职场孤单感

职场孤单感（work loneliness）意指在职场上所感受到的孤单。职场孤单感不只会影响员工的情绪，也会间接影响他们的工作表现。有一个研究针对营利及非营利组织做调查，结果发现不论是当事人主观的职场孤单感，或是有同侪评定的职场孤单感，都会导致工作表现低落、对组织的情感投入下降、团队合作能力变差，只有表面功夫的指标是上升的。中介分析的结果更显示，职场孤单感是通过影响情感投入，进而影响工作表现的。

做事风格导致被孤立

除了刚到一个新环境，因为不熟悉，可能导致被孤立之外，有些人则是因为做事风格跟其他人不一样而被孤立。有工作经验的你一定知道，没有哪种做事风格是一定会被多数人认可的。到底一种风格好不好，完全取决于这个群体的认定。如果你们部门的风气是不加班，结果你刚加入这部门，就一直自主加班，虽然看起来是你很努力工作，但是你的举止却像在凸显其他人不够认真，会惹来别人的厌恶。

比较理想的状况是，大家认可的风格是正派的。但是，如果你发现其实企业内部的价值观，跟你自己认可的有很大的出入，或许这里就不是你应该久留的地方。

相对有规模的组织，不管是学校或企业，都有一套标准化的作业规范。有些看起来不合理的做法，若放大来看就会发现，其实有其原因。比方说，一些通用表格可能看起来累赘且不容易理解，但是如果有信息需要跟整个组织的人沟通，通用表格就能提高沟通效率，所以也不全然不好。

如果你的做事风格比较特别，你可以想想自己的独特性，是否只是因为你没有想要去了解别人，认为对方的做法比较差，就不愿意采纳。**比较恰当的方式，应该是先采取别人的做法，并且想办法做些微调，让对方了解原来稍微调整就能有更好的结果。有了这样的前提，再跟对方沟通，成功的可能性会更高，也不会让自己陷入被孤立的风险之中。**

因为个人特质被孤立

有一些人被孤立，倒不是因为做事风格，而可能是因为个人特质。比方说，你可能是一个很男性化的女性，结果女同事和男同事都觉得很难跟你打成一片。面对这种因为个人特质所致的孤立，你可以想想是否自己愿意为此做些改变。

因为人对于其他人的评价，很容易受到单一因素的影响，比方说有个人可能只是比较容易有体味，就让别人不喜欢接近。如果你是因为一些相对容易改善的特性而被其他人孤立的，可以考虑做些改变。

但是，别人不喜欢的特质也有可能难以改变，比方说亚斯伯格症。你可以一开始就很主动地告诉大家，你有怎样的状况可能会让他们觉得不舒服，请他们多包涵，也请他们直接告诉你需要改善的地方。

人对于不熟悉的事物都会感到害怕，像有妥瑞氏症的人有时候会不由自主打喷嚏，在别人眼中看起来也很怪。但是，只要事先告知，让别人有心理准备，通常也不会因为这样的状况而被讨厌。**很多时候，都是因为不了解而被胡乱贴标签。所以，与其隐瞒，不希望别人发现自己的某些特质，还不如直接告诉大家会更好。**

选错边结果被孤立

还有一些人比较倒霉，可能是被恶意排挤。这有可能是跟工作直接相关，像是你的提案获得企业高层的认可，让其他部门的人脸上无光。也有可能跟工作没有直接相关，这听起来有点荒谬，但有一些人公私不分，有可能把在其他地方的不如意宣泄在职场上。

面对因为工作而被孤立的状况，你只能想办法释出善意，让别人知道你不是故意要抢他的业绩，或是让他们的提案被高层批评。

如果是因为私人原因而被排挤，就更令人哭笑不得。因为你还真的没有办法面面俱到。如果是可以闪避的，就想办法闪避，让自己的工作与生活，有比较清楚的划分。

如果真的避不开，那也只能承担可能的后果。因为有些人就是会记恨，针对这样的行为，我们没办法做些什么，但我不建议因为工作而选择退让，因为发生这种事情时，通常已经有芥蒂了，你再怎么做，都还是会被记上一笔。

@人生想一想

找工作的时候，我们通常考虑的是一些客观条件，像是薪资、通勤时间、福利等等。但是，**真正影响工作幸福感的，往往不是这些客观条件，而是像前面提到的领导风格，或是在这个章节提到的职场孤单感。人的元素对我们的影响，不论在职场或在其他场合，其实都远超我们的想象。**

@午夜小提醒

当老板喜欢的员工，或许可以让你赚到面子；但是当同事喜欢的员工，才能让你赚到里子。

08 工作之后，进修还是必要的吗？

在职场上，你是不是会发现有些同事在上班之余，还会去进修一些课程；相反，有些同事则是连企业内部的培训都不参加，甚至会取笑去上课的同事。

但是，你可以说这些会取笑同事的人没有危机意识。多数的企业中都有这样的人，他们不求自己升官，只想领份固定薪水。但也有可能他是酸葡萄心理，他可能因为没有时间，或是没有动机想要去学习，所以会鄙视去进修的人。

重要的是能力，而非学历

曾经有位听友写信给我，他是从屏东到台北打工的人，一开始从很基层的工作做起，因为很努力而受到上司提拔，现在已经是个小主管。虽然这份工作不要求学历，但是因为公司经营得很成功，所以近来招聘到的新员工都是些不错的大学毕业生，甚至有留学回国的硕士。他觉得压力特别大，每次要交代那些名校毕业的同事做事，都很怕他们会因为自己学历没有他们好，就不认可自己下的指令。

在职场上，真正重要的是能力，不是学历。想想看，如果他的能力不好，怎么可能会被升为小主管呢？他可能有很多自己不知道、自己不看重的能力。不过我也能够理解他为什么会有这样的担心，因为确实有些人仗着自己是名校毕业，就会看不起其他人。我们就姑且把这样的现象当作炫耀知识吧！

就像炫富一样，这些人想要通过炫耀知识，来提升自信。但是有不少人炫耀的知识，根本是空有其表。其实这样的人还不少，他们不一定是名校毕业，但他可能上了很多知识网红的课程，就觉得自己也很了不起。

我给这位听友的具体建议，是建立自信，看到自己在职场上的成就，看到自己具备的专长。同时，也可以虚心请教其他人，大家各自发挥长才，而不要成为对立的关系。

有的企业每个月会有一个时段，让员工来和其他同事分享自己的专长，不一定要和工作有关。我建议这位小主管也可以建立这样的制度，让每个人都有机会介绍自己的专长，以及教别人该怎么做。这样可以凝聚团队情感，也能够让彼此都多具备一些能力。

我也鼓励这个听友可以向直属主管询问，问问他觉得自己还有哪里需要提升。跟直属主管询问，不会让你觉得丢脸，反而会让他们留下好印象，觉得你是一个很上进的员工，想要让自己变得更好。其实不少企业都会有主管培训方案，培训一些有潜力的员工，让他们未来有更好的升迁。如果企业内也有这种方案，可以去参与，由内部正规渠道来进修，可以少走一点冤枉路，而且更高效地具备企业期待员工所需具备的能力。

作为主管，在看到下属有好表现的时候，也可以问问他们是怎么做到的。**见贤思齐是该多做，千万不要因为自己的身份、阶级而有所顾虑。因为人各有所长，如果因为觉得自己跟一个身份地位不如自己的人学习是件丢脸的事而不下问，那就太可惜了。**

@心理学小科普·手写方式做笔记较好

几年前有一个心理学研究，让学生看一些TED

的影片，并且请他们做笔记，然后检测他们对影片的理解。其中有一半的学生用传统的纸笔来做笔记，另一半的学生则可以用笔记本电脑。结果他们发现，用传统纸笔做笔记的学生，对影片的理解能力比较好。研究者推论，当学生用笔记本电脑做笔记的时候，因为打字的速度比较快，所以他们可以把听到的内容全都打下来；当学生使用纸笔，则因为速度比较慢，促使他们汇整知识后，再把重点记下来，因为他们只有足够的时间把重点写下来，而没有足够的时间把所有内容都记录下来。

主动学习，收获更多

因为主动学习很重要，我会建议大家，与其花很多时间听一些付费平台，还不如自己花时间去规划一门课。原因在于，知识付费的内容都是别人汇整后的产物，你在接触这样的内容时，很容易就会用被动方式来处理知识。但是，如果你花时间去规划一门课，你有很多的主动性，收获也会更多。

你可能会说，你对于什么领域都没有太深入的研究，可以怎么主动学习呢？我觉得很多人对于什么是知识，都定义得太过狭隘，我们很容易会把那种有开课、有考试的内容，才当作知识。但是，可以把东西收纳好、很懂得跟人打交道，这些也都是知识，只要你擅长做的事情，你就有办法去针对这种知识多做点什么。

你不一定要开课，也可以是想办法把这件事情做得更好。以收纳为例子，就有不少日本家庭主妇，因为处理家务很有心得而成为网红，也有人因此成为收纳师，收费到别人家里去帮忙收拾整理。

我觉得太多人都太谦虚了，或是因为接触了太多大咖，看到他们在某个领域那么杰出，就觉得自己好像什么都做不好。**但我要提醒大家，这些大咖大概是前百分之零点一的人，我们不该拿自己跟这些人做比较，然后觉得自己不够好。**你可以想想在你所处的位置，你能够有怎样的表现。说不定你比那些大咖更能理解某个知识，因为你更接地气，知道普罗大众在学习这样的内容时，会遇上什么问题。

@人生想一想

在知识爆炸的现在，大概有两种极端，一种就是觉得自己已经知道得够多了，所以没有必要去充实自己；另一种就是有莫名的知识焦虑，明明已经学了很多，还是担心自己有所不足。老实说，这两种都不好。**学习虽然是一件好事，但是我们的时间精力有限，学习自己喜欢的、对自己是有帮助的，才是最恰当的做法。**

@午夜小提醒

不要向那些什么都懂的人学习，而是要跟着那些什么都不懂的人一起学习。

Ⅳ

感情华尔兹

——美好圆满，不受假象欺瞒

我喜欢的人不爱我，爱我的却让我难以接受；

别人总能遇上对的人，我却在情感路上跌跌撞撞；

到底该不该先踏出那一步，勇敢告白？

顺心而为、有来有往不强求，你也能跳出曼妙的情感华尔兹！

01 可不可以我爱的人也刚好喜欢我?

我有一个女学生，长得还不差，个性也不错，可是一直没有交男朋友。她后来有点无奈地告诉我，她确实有喜欢的人，也有几次对他告白，可是感觉他对她没兴趣。而且听共同朋友说，他好像最近刚交了女朋友。听到她这样说，我再追问了一下，“该不会有你不喜欢的人对你示爱吧?”

学生苦笑着说:“老师，你也不要这么神准，我身边确实有一两个对我有意思的人，其中一个条件也不算太差，可是我对他就是没有感觉。”她有点无奈地说:“怎么要谈恋爱这么难啊?”

对爱情的期待

如果你单身，而且有喜欢的人，或是有人喜欢你，那么，你真正的问题不是要选哪一个，而是你到底期望在爱情中找到什么。**也就是说，你不能只用喜不喜欢当作唯一的指标，因为真正开始相处之后，喜欢的影响力就没有你所想的那么大了**。如果你只仰赖这个指标，那么即使是跟自己爱的人交往，恐怕也不一定能持续下去。

人在年轻一点的时候，都会认为感觉最重要。**但是，年纪越大、历练越多，渐渐会发现感觉只是人与人相处的其中一个环节**。

那么为什么我们考虑对象的时候，还是会以喜欢当作主要的准则呢？是不是我们都会担心别人说闲话：如果交往的是有钱人，别人就会说，我们根本不爱那个人，只是爱他的钱；如果看重的是对方能否支持自己的事业，别人就会说我们是在利用他，不是真的爱他。

@心理学小科普 · 爱情电影的坏影响

现代人觉得自己找不到理想的对象，有可能是爱情电影的错。有个研究首先分析了这些爱情电影当中对于爱的描绘，发现有百分之三十八强调会有独一无二的心灵伴侣；有百分之三十强调会有完美情人；百分之二十五强调只要有爱，就可以解决感情中的困境。调查显示，想要通过看这些喜剧爱情电影来学习爱是什么的大学生，对于电影中理想爱情的想象接受度比较高。因为在生活中鲜少能遇上那样的理想对象，以致裹足不前。

给对方一个机会

我觉得，你只要不是对这个人完全没有喜欢的感觉，也不用太理会这些闲言闲语。因为对于一个人的喜爱的感受，不见得一开始就会很强烈。就像媒妁之言的夫妻，都是从结婚才开始认识彼此，有些幸运的，可能会爱上彼此；比较不幸运的，会知道这个人是自己的配偶、孩子的父母，日子还是这样过下去。

所以，你要问自己，那个喜欢你的人是不是能够给你一些你要的东西。如果答案是肯定的，而且你对这个人不是完全不喜欢，那不妨给彼此一个机会试试看。毕竟，只是尝试交往，也不是交往了就一定要结婚。

不少单身的人会觉得不能利用别人对自己的喜欢，这样太不道德。但是，感情本来就是你情我愿，如果你有让对方表达对你的爱，那似乎也不能说你很不道德吧？每个人表达爱意的方式本来就不一样，所以也无法去衡量究竟是谁爱得比较多。

只是，你应该提醒自己，一旦决定要接受一个人的爱，那么不管你对他的爱有多少，都不要让其他人觉得你还是单身或随时打算要换伴侣。我有一个朋友，他很喜欢一个女生，但是她的条件很好，也有不少追求者。他自己觉得那个女生对他有好感，但不见得有那么喜欢。他发现她喜欢爬山，于是就跟她说，如果她愿意跟自己交往，那么每周他都会带她去爬山。那个女生犹豫了一阵子之后，答应了我朋友的告白，几个月后，他们决定结婚，现在已经有一个小孩了。

有次我好奇问他的太太："你该不会只是因为有人要陪你爬山，就嫁给他了吧？"她告诉我当然不是，她不否认一开始对我朋友的好感没有到男女朋友的程度，但她觉得试着交往，有人陪着去爬山也不错。爬了几次山之后，她发现两个人还蛮适合彼此的，因而愿意继续交往。

什么时候该喊停？

假设你和另一半只因为有一点点喜欢而在一起，那你们要怎么判断，该继续或是该分开呢？这问题真的很难定夺，因为有些关系需要长一点的酝酿期，有些则比较短。但你必须设一个自己的停损标准，你不妨拿自己过去的交往经验当基点，假设之前交往的对象是你很喜欢的，那么可以把标准往下降一点，当作目前这个只有一点点喜欢的对象的标准。

比方说，你和之前的对象，可能是交往一个月之后，才愿意把他介绍给自己的好朋友认识。那么，现在或许改为一个半月或是两个月。时间到了，你若觉得自己对这件事，还是有蛮强烈的不安，那就表示这段感情可能进展得不如预期，也有可能不太能持续，就可以决定是否要结束。

如果你是被追求者，要喊结束的伤害比较低。因为你可以清楚告诉对方，当时为什么答应他的追求，以及自己决定要结束这段关系的依据是什么。

但是，如果你是追求者，打算喊停，表达的时候就要更诚恳一些，让对方知道你不是始乱终弃，只是发现了彼此并不合适。不管如何，都要让对方清楚知道你的歉意，以及做好被讨厌的准备。

更简单的指标，可能是你发现有其他人更让你心动，这个标准很伤人却很实际。你若已经陷入这样的状况，建议你先提分手，也可以直接说明原因。总之，不可以抱持着要等新感情确定了，才跟原本对象分手，这样非常自私。

虽然不管什么时候讲，你的对象都会受伤，也会高度怀疑，你早就已经和另一个人交往。但这就是你要付出的代价。

@人生想一想

在期待进入一段关系之前，要先想清楚自己除了喜欢一个人，还要问自己，你希望从这段关系中收获什么。虽然我们会觉得对这个人有感觉是最关键的，但是如果你和另一个人的关系，完全只仰赖你们对彼此的感觉，那这段关系是很容易受到挑战的。

@午夜小提醒

你以为你找不到那个他／她，其实是你根本还没准备好要去爱。

02 要不要告白呢?

曾经，我们暗恋一个人很久，但一直不愿意踏出那一步。结果往往错失了先机，只能一次又一次看到自己喜欢的人成为别人的对象。或是，你可能担心会破坏彼此原本的关系，所以不曾告白。到底要怎么决定，现在是不是那个告白的好时机呢?

选择要告白的对象

有位网友来信问我，他有两个心仪的对象，他觉得其中一个对他也有一些好感，另一个则是他单恋对方。他单恋的那个女生，在一些客观条件上，又稍微好一点。他想问，到底该追求哪一个呢?

这个状况，应该是一些举棋不定的人常有的纠结。

即使觉得其中一个对象，对你也有好感，但并不表示你跟那个人就更容易建立一段稳定的关系。在交往前，我们可能会对一个人有很多憧憬，但是相处之后会发现各种落差。所以，不可以依据自己觉得哪一个对象比较容易告白成功，就贸然选择他。

你该问自己，哪一个人的特质比较吸引你。人有迫切需要的时候，会倾向做一些容易成功的事情。如果你没有想清楚自己究竟喜欢谁，就算告白成功，恐怕两个人的关系也无法持久。

我也想提醒一些比较没自信的朋友，千万不要因为自己的外表或是小缺点，就觉得自己配不上条件好的人。**人和人之间之所以会有吸引力，绝对不是因为外表好，或是赚的钱多这样的因素**。虽然本身条件有客观优势会让你比较吸引人，但就算你吸引了很多人，在正常情况下，你最终一次也只能和一个人交往啊！所以，千万不要因为感到自卑，就觉得不会有人欣赏自己。

@心理学小科普·男性或女性谁比较容易先告白?

刻板印象中，我们会觉得男生比女生更容易跟对方表达自己的爱意。有一个跨了七个国家（澳大利亚、巴西、智利、哥伦比亚、法国、波兰和英国）的研究发现，除了在法国之外，在其他六个国家先告白的男性确实比较多。不过告白后的情绪反应，则不会因为性别而有所差异。另外，他们也发现了一个人的依附状态，会影响他们被告白的感受：逃避性依附程度高的人，不喜欢被告白；焦虑依附程度高的人，比较喜欢被告白。然而，依附程度对告白喜好度的影响，并不会因为性别不同，而有所差异。

虽然喜欢，但是不敢告白

有个学生说他很容易喜欢上别人，但每次都只是喜欢，不敢表白。因为他其实没有恋爱经验，不太确定自己这种是不是真正的喜欢。所以，每次他喜欢的对象死会[1]了，他就会说服自己，没关系，再找下一个就好。他到底要怎样脱离这样的循环呢?

对没有恋爱经验的人来说，要跨出那一步，需要很大的勇气。如果你的客观条件比较吸引人，大概也不会有这样的纠结，因为会有人主动追求。但是，如果你是男生，条件一般，要被人主动追求，难度就不小了。因为社会上多少还是存在着一种男生应该主动一点的氛围。

我告诉这个学生，对于初恋，如果他觉得有个人会让自己心跳加速、脸颊泛红，那就勇敢试试看吧！之所以会这样建议，是因为他没有谈恋爱的经验，也不清楚自己真正适合怎样的对象。

与其让理性的大脑去分析，还不如让感性的大脑来做处理，因为一些脑科学的证据都说明，对另一个人不经意的举动，往往更能说明你和这个人之间的亲密关系。就像一些研究发现，人的肢体动作，更能反映你对一个人的真实态度。

1　死会：在两性关系中指确定了对象，相当于“名花有主”。

从恋爱中更认识自己

当然我不是叫学生胡乱告白，除了感性面的感觉之外，至少也经过理性评估，会喜欢这个人，才可以去跟对方进一步互动。你也不一定一开始就要告白，可以先找一群人一起活动，在过程中去梳理自己对对方的感觉。比较笃定之后，再找合适的机会告白。我不敢保证这个告白是否会成功，即使不成功，这也是一个宝贵的经验。

总之，感情这件事，多想无益，唯有实际上有一些付出、有一些损失之后，你才会成长！ 其实不管是男是女，我都鼓励喜欢一个人要有实际行动。现代人可能自我意识比较强，加上很多事都可以独力完成，面对谈恋爱这种高度不确定的行为，都显得很犹豫。尤其，很多人也不一定想要结婚生子，就更不知道为什么要谈恋爱来折磨自己。

谈恋爱一定需要付出，多少会影响到你原本的作息。但是谈恋爱也是认识自己的一个好机会，你会发现，原来对自己来说，什么样的价值观是重要的，什么又一点都不重要。我有个朋友一直觉得他要找一个也喜欢户外活动的女朋友，结果，他找了一个作家女友。我问他怎么会反差这么大。他说，他一开始也有点意外，不过他发现自己过去之所以喜欢户外活动，是因为通过这些活动，他才认定自己是活着、有存在感的。但是，和女朋友交往之后，他发现自己不一定要通过户外活动，才能得到这样的存在感。他现在常和女朋友一起窝在家看书、聊天，觉得也挺好的。

有些人会觉得爱情让人变笨了，但我倒觉得在爱情中，你通过和另一个人交流，发现了自己原本没发现的样子。比方说，你可能发现自己原来喜欢照顾别人，或是你会发现自己原来是个控制狂等等。所以，就勇敢去尝试吧！

万一告白失败了……

另一个女学生说她有一个要好的男性朋友，她其实喜欢他很久了，可是他一直都有女朋友，她也没让他知道她的喜欢。最近他刚跟女友分手，她有点犹豫到底要不要趁机去跟这个男生告白。她很怕万一告白失败，两个人之间会变得很尴尬。

我请这位女同学问自己，她有多珍惜身边这个人的存在，如果不愿意失去他，那么继续当朋友风险相对低。因为就算可能都对彼此有好感，但是感情未必一路顺遂，总会有些波折。万一你们在面对波折的时候分手了，两个人有可能从此形同陌路。

不过就像投资一样，低风险的选择，收益也比较低。如果你们是朋友关系，有可能在他又有对象之后，你们之间的互动就会受到影响。也有可能，他的女朋友会介意有你这样的异性朋友，他也不得不减少跟你的互动。

或许我们和有些人之间，就是有缘无分吧！就像张爱玲在《半生缘》中描绘的顾曼桢和沈世钧的爱情，两个人在最合适的时间点被拆散了，即使事隔多年，两个人都单身了，但也回不去了。

认清自己和一个人不可能成为恋人，也是一种解脱，一种好的解脱。当你对这个人没有爱情上的眷恋时，反而更能诚心祝福他，你们之间的关系或许也会更自在。更重要的是，你把他放下了，你的心才有可能去容纳另外一个人啊！

@人生想一想

想想自己想要找什么样的对象，然后认真规划，自己要怎样认识这样的人，或是要怎么推进和已经认识的人之间的关系。我不能保证一次尝试就会成功，但只要你真诚地去面对这个过程，那我相信你一定会有所成长。当然，你也有可能确定，自己其实适合一个人，那你也该为单身的自己做一些规划与安排。

@午夜小提醒

告白就像拆礼物，在做之前会充满期待，之后有失望的可能。

03 感情中有没有真正的公平？

前几天，我之前的研究生突然发讯息给我，说有事情想跟我聊聊。原来，他有一个交往三个月的女朋友，他很喜欢这个女朋友，互动也蛮好的。唯独有一点令他介意：女朋友似乎觉得既然在交往，所以都该由男生买单。他一开始觉得没什么，只是一两个月下来，也蛮伤荷包的。他有点犹豫要怎么跟女朋友沟通这件事，很怕讲开了，女朋友就没了。可是，他也不希望对女友隐瞒这样的心情，怕哪天吵架了，类似的事情会被他拿出来讲。

不知道这样的事情，各位是不是有点耳熟呢？你是否想过在一段关系中的付出，究竟是自己多一些，还是对方多一些？在我学生的例子中，花费的金钱是可以计算的，因为都是他在买单，所以他可以清楚计算出自己的付出。可是，他的女朋友可能是用其他方式来衡量她和男友之间的付出与获得。

亲密关系的弹性平衡

那到底是谁占了别人的便宜呢？这其实很难清楚界定。**在所有的人际互动当中，真的都很难算清楚到底是谁占了谁的便宜**。想想看，你跟你自己的好朋友，会计较谁对谁比较好吗？如果你真的觉得一个人对你很不好，那你应该就会跟这个人渐行渐远了吧？可能是因为朋友选择多，或许比较容易割舍；遇上一个自己在情感上可以寄托的对象，不是容易的事，应该没有人会随便断舍离吧。

@心理学小科普·亲密关系的公平性

美国家庭心理学家B.珍妮特·希布斯（B.Janet Hibbs）博士，曾经出版过一本书《试着用我的角度来看：在爱情与婚姻中如何做到公平》（*Try to See It My Way: Being Fair in Love and Marriage*）。这边提到的“我”，当然就是指你的伴侣或是配偶。希

> 布斯博士认为，亲密关系不能用一般会计系统的方式来看待，亲密关系中的公平，是一种付出与接受的弹性平衡，平衡取决于你们关系的状况。也就是说，在亲密关系中，没有所谓客观的公平，只有当你和你的伴侣都觉得公平才是公平，也只有你们两个人可以决定你们的关系是不是公平。

两个人之间的事情，只要两位当事人都认可，就没问题了。然而，这种主观认定往往容易受到情境改变的影响，像是突然有一个人失业或是飞黄腾达，都有可能影响原本的平衡。

只要失去原本的平衡，对关系都有冲击。比方说，你本来和伴侣是远距恋爱，两个人都很期待可以在同一个城市生活。结果，终于在同一个城市生活了，反而可能发生更多冲突。所以，并不是所有的状况改善，都对彼此的关系有正面影响。

另外，两个人在一起久了，对彼此的期待也会有所转变。比如你们可能就不会像热恋期一样每星期都在庆祝交往满几周。可是，这并不表示你们的关系就一定会陷入危机。多数时候，这个平衡状态是自然渐进式发生的。

所以，我们没有办法追求一个固定、有特定标准的公平。如果对关系抱着这样的期待，那么你在关系中会很痛苦，因为只要对方没有达成你设定的标准，你就会感到失望。

各位要搞清楚一件事，你和另一半的关系，并非师生关系，做老师的负责给标准，学生负责达成标准，这不是亲密关系该有的样貌。你和另一半，要更像共同创业的合伙人，一起为了共同的目标努力。即便你们不打算结婚，也不表示你们不能有一个共同努力的目标。

如果你爱自己跟爱别人一样多，就不用在乎是否公平

前几天睡觉前，我家老二突然问我："爸比，你不觉得你很辛苦吗？你要上班赚钱，还要煮饭给我们吃。然后妈咪好像都不用做什么事。我以后不要像你一样，我要跟妈咪一样。"

听到老二这样说，我有点尴尬，因为确实我在家中可能做了比较多家事，但是太太也负责了不少，只是她通常是在

我和孩子睡觉后，才会处理家务。也就是说，孩子没什么机会看到妈妈的付出，误以为好像只有爸爸在做事。

很多时候，我们都会对别人的付出有错误的判断。有时候，是不知道这个人在背后帮自己做了多少事情；有时候，是不知道原来是那个人帮了自己的忙。

我们很容易看到自己缺乏的，却没有发现自己已经拥有很多。我鼓励大家，下次觉得另一半对自己不够好的时候，先别急着数落他。静下心来问问自己，他为你做了哪些付出，是不是有不少作为已经被视为理所当然。这不是要你去做比较，发现自己真的比另一半付出更多。**重点是要提醒大家，不要忽略了另一半的付出，这些付出都是他爱着你的证据。**

我有个朋友的老公是一间大型企业的董事长，有次我问她："你老公这么忙，应该没时间陪你吧，你怎么看呢？"她说，年纪比较轻的时候，心中确实不好过，但是她很清楚老公是爱她的，之所以会这么努力，也是为了共同的未来。所以她想办法调整自己的心态，比方说去学一些才艺，或是多找一些社交支持，比如去一些单位担任义工。现在两个人都步入中年了，她觉得两个人的心智都更成熟了，更加看重各自的自主性，她反而很高兴老公工作很忙，这样她才有很多时间去做各式各样有趣的事情。

不管你决定要和你爱的人，维持什么样的关系，我都要提醒，在爱一个人的同时，也不要忘了爱自己。这一点是我们在关系中很容易忘记的，我们会顾着要满足对另一半的承诺，而忘了善待自己不仅是另一半要做的，你自己的责任还更大一点。

不少关系稳定的情侣也好、夫妻也好，都有这样的特质：他们不在一起的时候，也能自己过得很好，他们也常常把另一半放在心上。比方说，吃到好吃的食物会想要带一份给另一半吃；或是旅游的时候，会想要买点纪念品送给另一半，也会想着，下次如果和对方一起来，要去做哪些事。发现自己会惦记着另一半，而且不求回报的时候，你该感到幸运，因为你不仅爱着对方，你也很爱自己，你和爱人之间的关系也比较能够长长久久。

祝福各位可以不仅爱着自己爱的人，也没忘了爱自己。

@人生想一想

虽然我们用了很多方式想要在社会上打造所谓的公平，但是真正的公平并不存在，在感情世界中更是如此。如果你很执着于追求公平，恐怕只会感到失望。你应该自问，自己是否获得了足够的爱，是否已经给予足够的爱，若答案都是肯定的，那么就没有什么需要抱怨。

@午夜小提醒

如果感情世界里的度量衡单位是真心，那恐怕找不到合适的磅秤。

04 远距恋爱或网恋要如何维系情感?

过去，谈恋爱一定得要面对面才行。但随着科技的发达，再加上前两年疫情的限制，现代人开始发现，其实不一定要面对面才能谈情说爱。但是，远距恋爱，真的能成功吗?

见面不吵有点难

有个学生花儿说自己和男朋友是在一个讨论赛车的群组认识的，她和男朋友都特别喜欢F1赛车中的哈斯车队。虽然这个车队的表现不是最顶尖的，但是队长冈瑟·施泰纳（Guenther Steiner）实在太有魅力，让她和男朋友都很喜欢。

不过，不知道是不是因为是网恋，他们每隔一阵子才碰一次面，却经常不欢而散。像去年春假，他们约好一起去垦丁度假，结果男朋友搞错高铁的时间，慢了半天才到垦丁。虽然男朋友一直跟她道歉，但是连搭车的时间都搞错，让她不由得怀疑，他是不是有把自己放在心上。总之，那次度假的四天三夜中，她几乎都板着一张脸，不想理他。最后在高铁站要分别的时候，花儿有点内疚，跟他说了声对不起，他苦笑着抱抱她说下次见。

她本来还有点担心，但是男朋友在回程路上就发讯息给她，就这样用文字聊了一阵子，互动蛮不错的，就仿佛这几天度假没发生争执一样，让她觉得好不真实。她虽然心里开心男朋友没有因为这几天她都板着脸就想要分手，但又有点担心，如果他们只能在在线好好相处，却见面就吵，这个关系真的能长久吗?

听着花儿的故事，我想到了自己和太太交往的过程。虽然我们是研究所同学，可是我们是在我毕业离开学校之后才开始交往的。一开始也是某种程度的远距，因为我只有周末能够和她碰面。一开始也确实因为不太习惯实际互动，容易起冲突，不过后来就好多了。

之后我去英国念书，有两年的时间都是半年才能见上一面。我记得有一次碰面，还吵了架，我有点赌气地说，那不然就分手吧。还好太太很理智，觉得我们要练习解决问题，而不是遇上困难就想放弃。也还好后来我们就不用再远距恋爱，不然也不知道关系可以维持多久。

不过，我和太太结束远距关系时，也花了一段时间磨合彼此的习惯。老实说，即使结婚十几年了，我们也还持续在适应彼此的改变。

距离只是分手的借口罢了

或许我们的关系能够维持是因为太太能接受远距恋爱，但我真心觉得，**两个人的关系能不能够维持，跟距离并没有太大关系**。当然对于那些原本不是远距的恋人来说，要改变交往形态确实会遇上一些挑战，但是真正让感情没办法维持的原因，并不是你们能否每天见面。真正的原因，往往是彼此的生活差异变大了；如果你和另一半有时差，互动时的心境也会很不同。

就像我看过很多学生，因为自己已经出社会工作了，另一半还在校园，往往就会因为生活重心、价值观的转变，而走上了分手的路。这些情侣也没有远距离，有些甚至还常常见面，结果还是分手。

如果你们一开始就是远距恋爱，之所以没有办法继续，绝大部分也不是远距的关系，只是我们都习惯拿一些看似合理的代罪羔羊，来合理化整件事。我不否认见面三分情，你和另一半面对面的时候，一些生理因素对彼此的关系有益，但是，若你们的关系脆弱到会受这些生理因素影响，其实也很危险。未来这个生理因素削弱了，或是有别人可以带给你更强烈的生理反应，那么你们可能迟早也会分手。

该怎么补足在线交往的缺憾呢?

以我过来人的经验，在对方不预期的时候送一些惊喜的礼物，就有不错的效果。另外，你们也可以有一个象征彼此的纪念品，稍微弥补对彼此的思念。另外，其实也有一些有趣的玩意，像是透过一个载体，让你可以和对方隔空接吻；也可以通过同步的呼吸心跳发送器，在睡觉的时候，感受到另一半的呼吸及心跳。

因为少了肢体互动，以及并不全面的讯息表达，所以你要想办法更清楚表达自己的需求，并且练习不要太急躁。毕竟有时候对方想表达的，和你以为的有不少落差，在讯息不全面的情况下，很容易失真。宁愿多花一点时间确认，也不要贸然行动。

不过，对于数字原住民来说，在线交往可能不存在什么缺憾，反而有不少优点，比如不想联络就不上线等。伴随元宇宙的发展，在线和面对面的体验，会越来越接近，甚至有可能会更好。像在连续剧《想见你》当中出现的虚拟现实技术，看起来就能提供令人满足的体验。

@心理学小科普·远距恋爱对女性的影响比较大

有个研究记录了单身者以及情侣，跟伴侣是否居住在同一个城市，他们唾液当中性荷尔蒙睾固酮的浓度。结果他们发现，对于男性，只要是有对象的，睾固酮浓度就会比较低，但是不会受到是否居住在同一个城市的影响。女性就不一样了，和伴侣居住在同一个城市的女性，睾固酮的浓度会比单身以及远距恋爱的女性来得低。这个结果显示，对于女性来说，远距恋爱的影响比较大，所以远距恋爱的女性，一旦和相恋的男性碰面的时候，不只是心理层面，生理上也会有冲击。

@人生想一想

随着全球化以及疫情的影响，远距的人际关系已经越来越常态化。**相比弥补在线互动的缺憾，我们更可以思考要怎么放大在线互动的价值，说不定能让亲密关系更紧密。**在未来，不少人也可能会和人工智能系统，或是机器人谈恋爱。所以，你该问问自己，希望在爱情中得到什么，并且想办法用各种形态和方式来获得，而不是抱怨有什么自己无法克服的限制。

@午夜小提醒

远距恋爱会失败的情侣，就算常伴左右，分手也只是迟早的事。

05 相爱容易相处难？

我们身边可能都有一些朋友，明明在当男女朋友的时候相处融洽，一旦论及婚嫁或是婚后，感情马上就变了调。此外，你是不是有一些平常很亲密的朋友，在一次远程旅行，或是一起分租之后，就分道扬镳的呢？

我有个学生跟高中好友约定，大学毕业后要一起去澳大利亚打工游学。在她出发前，我提醒她，不要跟好朋友反目成仇，当时她还怪我乌鸦嘴，可是后来她们果然因为一些嫌隙而渐行渐远。因为我学生的英文比较好，所以她们同时去应征餐厅服务生时，只有我学生被录取。她的朋友没被录取，心中不快，加上生活形态差异越来越大，情谊就越来越淡了。

冲突的理由千百种

不论是和朋友或是和情人，要在生活中相处，都比起单纯当朋友、当情人困难。主要的原因就是，你们会有更多时间共处，难免看到彼此比较不光鲜的那一面，而我们不见得准备好要让别人看到，也不确定自己是否能接受别人的那一面。所以，有一个说法，若一个人可以很自在地在你面前放屁，表示你们的关系很稳定，这其实蛮有道理的。

另外，因为彼此生活有较多的重叠，就会有更多权益、义务分配上的问题。小至谁要负责洗碗，大到谁可以决定要搬到另一个地方去居住，都有可能引起争执。就像日前有位主妇在论坛上贴文，表示对老公花大钱买重机用的靴子很不满，本来舆论一面倒地支持她，都觉得老公怎么可以那么自私。但是，她老公出面澄清，说自己前一双靴子已经穿到破了，而且他也有负担家务，不是只看到自己的需求，而忽略妻小。之后大家开始同情、认同老公的做法。**跟钱有关的冲突，在人与人之间是很常发生的。除非从一开始就规范清楚，否则很容易因为彼此的金钱价值观不同，而产生歧异。**

能热吻的，不一定能一起洗碗

我和太太交往好几年才结婚，其中又有近三年时间是远距或是类远距，总之真正相处的时间并不长。后来，太太说她之所以愿意点头嫁给我，是因为她到英国念书的那一年，感受到我是她在生活上可以依赖的对象。在英国期间，我可能没有钱带她去吃大餐，但在每次见面的时候，我都会多煮一些餐点，让她在未来几天仍然可以吃到我煮的料理。

对太太来说，她知道自己想要跟稳定的人相处，而我刚好就是一个很稳定的对象，让她能放心跟我一起生活。每个人在感情中追求的不一样，与其怨叹自己总是只能跟人谈情说爱，不能迈入礼堂，你更应该问问自己，你追求的究竟是什么。

有些人很清楚知道，自己并不想要跟别人一起生活，只想要拥有恋爱的甜蜜感。如果是和这样的人交往，你就不该自作多情，觉得你们这么相爱，一定可以长长久久共同生活。**当然，两个人的关系到底是只能当恋人，还是可以当家人，都不是双方一开始就能预知的。你能够做的，就是想办法厘清自己的期待，以及了解对方的期待。**

期待不同，就该放手？

如果发现你和对方都只想要当恋人，那你们不一定要进入礼堂；如果一个只想当恋人，另一个却想当家人，你们就该慎重抉择，毕竟两个人若还想要在一起，有一个人就必须委曲求全。

但是，对两个人来说，好聚好散可能是比较好的选择。因为在一段关系中，若有一个人一直觉得自己在配合对方，长久下来，对关系是不健康的。即便一开始你会说服自己，因为爱这个人，所以我愿意为他做一些牺牲。但是，这样的牺牲并不是一两天的事，有可能是十年、二十年，甚至是一辈子的事情。如果你乐观地以为习惯就好，那么你们的关系出问题，只是迟早的事。

当然，如果可以找到一个彼此都能接受的平衡点，也并非不可能。像在韩剧《非常律师禹英禑》中，有自闭症的女主角因为担心男主角无法承受来自各方的压力，毅然决然选择分手。后来男主角用猫与猫奴的比喻，来描述自己虽然可能会感到孤单，但同时也会有很多的幸福感，所以他不想要分手。女主角也甜蜜地响应，猫也是爱着猫奴的，所以不要分手。电视剧或许将现实刻画得比较美好，**但一段关系是否**

能够维系，双方有共识是最基本的。

为什么你总遇不上对的人？

不论你只是想找个情人，或想要找到对象进入婚姻，你都有可能觉得，自己怎么老是遇不到对的人。出现这样的疑惑时，**你该先问问自己，你的期待和你的行为是否不一致。**比方说，你心中是希望找个可以一起生活的对象，但是你的行为表现却让人觉得你只是爱玩，只想要享受粉红泡泡。那么，会跟你在一起的，当然是那些也只想享受美好恋情的人。一旦过了热恋期，就很容易分道扬镳。

虽然一开始就搞清楚彼此的目标，有助于关系发展，但是，我们常常也不知道自己和这个人可以如何发展，这时候，你若一开始就打定主意要怎么做，对彼此的关系反而不好。

不过真正的问题，可能不是为什么你总是遇不上对的人，而是你可能搞不清楚自己是谁，自己想要怎样的关系。套一句我太太的名言：谈恋爱就是认识自己最好的方式，你会在关系中发现自己真正的样貌。这个过程可能会让你发现，自己爱的不是现在身旁的那个人，这也没有关系。与其埋怨，你们更该祝福彼此，因为和这个人相爱过、相处过，你才会更清楚自己的追求。

@心理学小科普·高自我控制有利于关系质量

两个人的关系质量，会受到彼此特质的影响。但是，究竟特质是要相近、相异，还是某种组合，会对关系质量最有帮助，就要依据特质而定了。虽然较多研究显示特质越接近，对于关系的质量是越有帮助的，但有个研究发现，针对自我控制（self-control）这个特质来说，不论是朋友、恋人或是夫妻间，两人加总的自我控制能力越高，双方对彼此关系的评价会越高。所以，大家不要太执着于一定要找跟自己特质相近的伴侣，而是要去思考，到底什么样的特质，对你想要的亲密关系质量有帮助。以自我控制为例，研究者认为高自我控制的人，会去适应伴侣的状态，而且会去寻求协助，因此当双方都是高自我控制的人，对于关系来说最好。

@人生想一想

剧集《真爱基因》(*The One*)描绘未来有一种基因配对的技术，可以帮你找到你的真爱。有一位主妇很想知道自己的老公是否就是那个人，想不到意外发现，其实她并不是老公的真爱。结果，这两个人的关系变了调，只因为这位主妇心里有鬼，自卑地认为老公会爱上那个真爱，而不是自己。**虽然我们可能都认为，世界上有那么一个人是最适合自己的，但是，你没有找到这个人，不代表你就没有办法幸福，关键还是在于你的心态。**

@午夜小提醒

不要以为你愿意帮他洗内裤，他就会想要跟你长长久久，因为他可能喜欢穿有味道的内裤。

06 放弃是比较好的做法?

不知道是不是交友软件兴盛的缘故，现代人对于交往的态度很快餐：看对眼，就马上可以在一起；发现不适合了，也好聚好散。当然也不是所有人都抱持这样的观点，有些人还是比较传统的。

我不确定是性别或是个性差异，我认为如果不爱一个人了，就应该早点告诉对方。除非你觉得两个人日后还有复合的可能，否则早一点提分手，相较于拖拖拉拉，造成的伤害只会比较少，而不会比较多。**毕竟，一个人在一段关系中投入越多，在关系结束时的失落感会越重。**

怎么判断自己真的不爱了？

判断自己不爱一个人，跟判断自己是否爱一个人，同样困难。但科学证据显示，不爱一个人的几个月前就有迹可循。也就是说，我们意识下可能早就埋下了一颗种子，只是必须等这颗种子成长茁壮，我们才会意识到，原来自己已经不爱了。

@心理学小科普 · 大脑早就知道你不爱了

有研究者找情侣来做实验，让他们在功能性磁共振造影仪（functional Magnetic Resonance Imaging）中观看另一半的照片或是其他人的照片。四十个月后，他们追踪这些情侣是否还在交往，并且依据这点来把结果做分组。他们发现那些分手的情侣，当初观看自己伴侣照片时，大脑的反应就比较平静。也就是说，可能他们在那个时候就对另一半的感觉不是那么强烈。当然大脑活动越强烈，不代表有比较多的处理，只是在这个研究中，分手及继续交往的差异，是有生理基础的。

但是，我们对于一个人或物的喜好，其实非常容易受影响。比方说，别人的闲言闲语，可能就会影响你对一个人的喜好程度。或是出现另一个更理想选项的时候，相比之下，我们就会觉得自己对原选项并不是那么喜欢了。

既然态度那么容易受影响，我们到底该怎么判断自己是真的不爱了呢？我建议你可以这样做：

一、回想自己当时爱上这个人的原因。

二、问问自己这些原因是否有所变动。

三、检视你自己的状态是否有所改变。

通过这三个程序，你可以检视自己对一个人的态度是不是真的变了。

当然也有些人会用很生理性的反应来做判断，这点我自己是略持保留态度的，虽然我不否认生理反应的直觉性，但我们很有可能做了错误的归因，那就不太理想。所以若你觉得你的身体还是爱着一个人的，那就多测试几次，确定真是如此，再做定夺。

真的不爱了，该怎么办?

虽然前面我提到，如果觉得不爱了，应该早点让对方知道，不过，这样做有点不负责任。比较负责任的做法是，你应该要找出自己不爱的原因，倘若还有调整空间，或许就该试着改变。比方说，你发现自己不爱对方，是因为你们相处的时间变短了。那么，你可以想办法多花一点时间在彼此身上，观察自己的态度是否有所改变，再做出抉择。

不过一旦出现不爱的念头后要再转变，其实不容易。因为人都有先入为主的观念，除非有强而有力的证据，不然多数时候，都很难扭转自己的想法。如果对你来说，之所以不爱，是有一个关键事件，比如有人信誓旦旦跟你说，你的情人其实并不爱你之类的，那么你可以问问自己，如果没有这件事，你是否会萌生不爱的念头。倘若关键事件有十足的影响力，你该冷静评估它的真确性，不要因为一些未经证实的信息，影响了自己对一个人的态度。

假设仔细评估后，你依旧确定自己已经不爱对方，你就要思考怎么让他知道。我自己会倾向速战速决，既然已经想清楚了，就真诚地让对方知道自己的想法，并且让他有机会表达看法。并且就该少留点余地，不要让对方觉得还有希望，陷入藕断丝连的状态。

请务必当面提出“不爱了”、要分手，不要随意发则简讯说要分手就算了，至少让对方不要莫名其妙被分手。面对面还有另一个好处，双方可以把话说清楚，对方也可以直接发泄，这对他之后的调适有益。

不当情人，还是可以当好朋友

前面我说要果断，是针对不能当情人这件事，但并不是说一定要跟对方断绝往来。没有必要因为当不成情人，连朋友也做不成。只是，你若有这样的打算，一定要拿捏好尺度，以免让对方认为还有复合的可能。

我也曾经历过一场“没有谈过的恋爱”，对象是初中好友，或许因为我们都觉得彼此是很重要的朋友，不希望因为当不成情人，连朋友也做不了，所以一直没有人主动踏出那一步。

如果你是分手就要断得干脆的人，也不用觉得自己是个坏人，因为人和人的相处都是自发性的，不该勉强。如果当时觉得没办法当朋友，也不需要委屈自己，时过境迁，你们将来或许有机会再度相遇。

@人生想一想

当我们要结束一段关系，肯定会受伤，尤其当这段关系已经维持很长一段时间。但是人和人相处，本来就是来来去去的，只有很少数的人，是一直可以跟你携手前行的。**当你发现自己没办法和一个人继续走下去的时候，好好道别，这对双方都是比较好的决定。**

@午夜小提醒

如果该放下的时候，你不懂得放下，就算遇到自己中意的人，你的心也没有办法容得下他。

07 他是我能托付的对象吗?

我在教发展心理学这门课时，请同学们写下他们对于人生的规划，从毕业后到他们死掉的那天。因为这个班是我带的导生班，我对他们比较熟悉，所以发现了一个很有趣的现象。他们班上有三对“班对”，可是班对的六个人中，没有任何一个人写到现在的对象会是未来结婚的对象，甚至还有人说自己觉得这个人不会是以后的结婚对象。

因为内容牵涉到隐私，我没有在这课堂中公开讨论。后来有机会私下跟这些班对互动，我问他们怎么没有把彼此放进未来的规划。有同学就说他们才刚开始交往，怎么可能就知道彼此是不是真的适合。

从写那个作业到现在又过了快两年，是否有什么转变呢？有位同学表示，现在会希望把对方放在重要的位置，可是说要结婚，也太早了吧？因为他们才二十二岁，而现在平均结婚年龄是三十岁，他们还可以再等等。那么，到底要如何确认对方是不是可以托付后半生的那个人呢？

现任不如前任？

有个已经毕业的学生说她跟男朋友交往已经一年，在这之前她也交往过别的男友，本来以为会跟前任结婚，后来前任认为彼此不适合，就分手了。她说现在这个男朋友没有什么不好，可是跟前任比起来，好像就还差了那么一点。她男朋友在几天前跟她求婚，她在浪漫的气氛下答应了。可是回家冷静之后，又开始犹豫。她不知道自己现在该怎么办。

不少人会把现任和前任做比较，就连比尔·盖茨，三十多年前和梅琳达结婚的时候，也先征询了前任女友的意见，在前任大力称许之下，他才决定要跟梅琳达结婚。最近也有一些媒体在八卦这个前女友，甚至影射她可能也是导致他们夫妻走不下去的原因之一。

每个人都有不同的优缺点，如果你硬是要比较现任哪些地方不如之前那一个，那你为什么不回头去找前任呢？你之所以会和前任分手，肯定有原因。所以，当你想要比较现任和前任的时候，先提醒自己，当时为什么分手，只要这个原因没有改变，没有任何理由吃回头草。

在两个人的关系中，最好不要委屈自己，因为你会积累对另一半的不满，等到哪一天爆发，另一半会觉得你很莫名其妙，为什么以前有这些不满都不说，吵架时又要拿这点来说事?

所以，我建议同学问问她自己，现任男朋友还有哪里让她不满意，如果有，就要跟男朋友沟通，如果他愿意努力改变，再嫁给他也不迟。但千万不要他口头说愿意改变，就点头要嫁了，一定要看到实际行动。

如果决定结婚，务必提醒自己，为什么决定结婚。然后，就不要再拿未来老公跟其他人比较，比较没有意义，重点是他是不是最适合你的那个人。

@心理学小科普·两性在婚姻中的幸福感有差异

有一个针对不同伴侣形态的人做的调查，发现当两个人的承诺越稳固（结婚vs同居），他们的幸福感就会越高、身体也越健康。但是，追踪的调查显示，这样的效果并不会持续，女性在结婚前的幸福感最高，而男性则是在刚结婚后的幸福感最高。不过，研究者们认为，结婚会让人幸福感比较高的主要原因，并不是结婚这件事本身，而是那些幸福感比较高的人，才会选择结婚，因而让我们误以为结婚会提升幸福感，以及身体健康。

交往顺利但认为对方并不是那个正确的人

有个网友说她和自己的闺密都有稳定交往的男朋友，她们有一次聊到会不会和现在的男朋友结婚，她的闺密说自己虽然很爱男友，但是如果嫁给他，日子可能会过得很辛苦，所以应该不会嫁给他。网友说她听见闺密这样说，有一点点不高兴，因为她认为结婚不就是要找一个爱自己、自己也爱的人，哪有什么其他需要考虑的因素呢？所以，到底是她太单纯，还是闺密太务实呢？

每个人对婚姻的想象，多少都会受到自己原生家庭的影响，或许这个闺密的原生家庭生活比较动荡，让她感到如果一个男人没办法支撑一个家，家庭成员会受苦。所以，她才会想要嫁一个能让自己不吃苦的人。

即使这个闺密的想法和她的原生家庭没有关系，她也可能只是想要为自己留一条后路，就算婚后没有了爱情，至少衣食无虞。

大家会有这样的想法，可能也和我们误解一句话有关系，所谓的“贫贱夫妻百事哀”。大家会以为这句话是指贫穷的夫妻事事都不顺利。实际上，“贫贱夫妻百事哀”这句诗出自唐代诗人元稹的《遣悲怀三首 · 其二》，是他写来纪念亡妻的诗，诗的前一句是“诚知此恨人人有”，才接上“贫贱夫妻百事哀”。意思是说，丧妻之痛人人都能体会，尤其是失去甘愿共同承受贫贱的糟糠之妻，如今虽然生活富裕，但是没有发妻在身边，感觉诸事都没有了乐趣。也就是说，**这句诗根本不是要说什么贫穷会让夫妻日子不好过，而是说，没有钱才能有真感情**。

每个人对婚姻都有不同的期待，只要这个对象能满足你对婚姻的期待，就可以考虑结婚。只是，**即使再美好的婚姻关系，都可能会有一些不完美，如果很坚持一定要完美才结婚，那么你可能这辈子都结不了婚**。

每个人都该为自己负责

过去，特别是女性，会认为要把自己托付给一个值得信赖的人，是很重要的事。但随着两性平权意识增长，把自己托付给一个人的概念显得有点过时。或许这也是现在世界各国结婚率都下降的原因之一。

其实不论男女，都不该误以为好的亲密关系，就是无条件把自己托付给另一个人，也愿意无条件接受另一个人的托付。你自己必须是在一个理想状态，才有可能经营一段好的亲密关系；而不是期待有了亲密关系，可以治疗自己的不足。当然，有些亲密关系能够提升双方的心理能量，但这应该是由好到更好，而不是从不好到普通的提升。

@人生想一想

随着时代价值观的转变，成家这个概念也逐渐被看淡，因此结婚率、出生率双降。倘若大家愿意接受未婚生子，那么不结婚的问题或许没有那么严重。倘若这个前提不成立，那么**太少人愿意和另一个人共度余生，就是值得重视的问题了**。不过我想特别声明，这里说的与另一个人共度余生，不一定是要通过结婚，也可能是三五好友许下共同生活的承诺。

@午夜小提醒

靠自己很好，但若你可以当一个人稳定的依靠，而那个人也是你稳定的依靠，那是更美好的事。

08 准备要结婚了，但我还有一堆问题，怎么办？

我有个学生，条件非常好，念大学期间也谈了几次恋爱。不过，毕业前的那个男朋友一直交往到现在。有次她回学校，我问她说，年纪也不小了，怎么还没打算要结婚？她就跟我说："老师，你真是哪壶不开提哪壶。"原来前一阵子她男朋友才刚向她求婚，她当下没有答应，因为她和男朋友的家人互动过几次，觉得那个家庭的氛围和她家的自由风气很不一样。虽然男朋友叫她不要担心，反正婚后他们也不会跟男友家人同住，可以过自己的生活。

可是她还想到婚礼的安排，因为她从小就很向往西式婚礼，希望可以跟比较熟的亲朋好友，一起到海岛，在日落的沙滩举办婚礼。但不管是男朋友家或是她自己的父母，大概都不会同意她这样的婚礼规划，让她一想到就很泄气。

婚礼是个关卡

我问她，如果可以举办两场婚礼呢？一场是照着她的意思，一场是照着长辈们的意思，那她会想要结婚吗？她犹豫了一下，说应该会比较愿意吧。会跟这个男朋友交往那么久，就是因为觉得这个人最适合自己，她在心中也把他放在很重要的位置。只是她觉得，如果两个人可以一直这样过也很好，为什么一定要举办婚礼、昭告天下他们要结婚了呢？

我年轻的时候也是这么想的。念大学的时候，我还自认绝对不会结婚，但可能会有小孩。如果不是太太对婚姻有一定的执念，我或许也不一定会结婚。还好太太只是对婚姻有执念，对于婚礼的形式没有太多坚持，所以没有成为另一个阻碍。如果连婚礼要怎么举办都是一个需要过的关卡，那我也不确定自己是不是还会想结婚。

对于婚礼，我们或许有很多想象，但是事过境迁，回头去想的时候，最深刻的是那种好多人为了你而来参加一场盛宴的感动。虽然沙滩、美景也会让人印象深刻，可是这不是一定要举办婚礼才能享受的。但要让几百个人为了你和另一半以及你们的家人聚在一起，并不是那么容易的。

我要学生回去再想想，而且要不要和一个人结婚，真正的关键是两个人是否把彼此放在未来的规划中，不管是婚礼形式也好、双方家庭也好，虽然多少会有些影响，但都不该是影响你跟一个人结婚的因素。

@心理学小科普·结婚与否，别人看待的态度会不同

虽然有些人会觉得举办婚礼好麻烦，明明就是两个人的事情，为什么要劳师动众。如果微观来看，婚礼确实是少数人的事情，但是若从宏观的角度来看，婚礼还是有其必要性的。因为婚礼本身就是一个昭告天下的仪式，让人快速知道有两个家庭之间的关系转变了，从原本的不相干变成了姻亲。而人的思维模式很容易受到这些由上而下概念的影响，就像在实验室中，只要让参与者认定一个人和自己是否来自同一个群体，就会影响参与者对这个人的观感。虽然婚姻的神圣性逐年削弱，但不可否认，一个人结婚了没，在现阶段还是会大大影响我

们看待一个人的态度。

办婚礼是必要的吗？

我记得准备结婚时，第一件事就是选日子，并确定好宴客地点，因为这是最重要的一个环节。但是选定地点之后，到底要邀请多少宾客来参加婚礼，是一门很大的学问，有些人不邀请会失礼，有些人则是邀请了会失礼，总之就是相当的复杂。

就算宴客桌数确定了，还是有可能出错。我记得婚礼宴客那天，我明明都把位置安排好了，可是我妈妈的朋友嫌位置小，就做了一些调整，抽调了几张桌子，在另一个小房间安排了两张桌子。我一看到这样的状况，颇为光火，因为被移到小房间的是我太太的同事，我觉得这样太欺负人了，就要求把桌子恢复原状。

连这么小的事情都可能出差错，整个婚礼真的是充满着未爆弹。可是，不举办婚礼好像又有点可惜，毕竟很多人，特别是女性，对于婚礼都有一定的憧憬，会希望自己美美地站在亲友前面。

结婚不只是你和另一半的事

在继续之前，我想先跟大家疏通一个观念：**婚礼不是为了你们小两口，而是为了你们的父母举办。婚礼有点像是对其他人的宣示，说我已经把孩子养大，可以稍微功成身退了。**

如果大家以这样的心态为出发点，那婚礼有没有必要办，决定权就不是在你和另一半，而是在双方家长手上。但很吊诡的是，通常大家都不会这样认为，往往因此造成一些亲子冲突。我想有些人之所以不想要办婚礼，可能也跟自己与爸妈之间的期待落差有关。

不少人喜欢低调，认为结婚是自己的事，所以只想跟比较亲密的亲友一起庆祝。可是如果父母有一定的身份地位，若这么低调举办孩子的婚礼，以社会眼光来看，是相当失礼的。因为不少亲友可能会想要借着这个机会来表达谢意或情谊。像我参加过两场婚宴，就是那种名门家庭举办的，不仅场面气派，且完全不收礼金，摆明只是要让大家分享自己的喜悦。

登记但不举行婚礼

我有个学生说她自己和男朋友都不喜欢被传统束缚，所以不打算举办婚礼，但会去登记，以保障双方在法律上的权益。她妈妈为此非常生气，她有点为难，但也无法说服自己为了父母而举办婚礼。

当父母的都特别容易担心孩子吃亏，特别是女性，父母就怕如果不在这一天光彩一点，之后女儿的日子过得不好。也许妈妈坚持要办婚礼，本质上是为了女儿，而不是单纯为了满足自己的期待。所以在跟母亲争执之前，或许可以和未婚夫一起跟妈妈好好聊聊，或是一起去旅行，让母亲看到这个男人怎么呵护自己的女儿。说不定回来之后，她的心境就会有所转变呢！很多时候，长辈只是讲得一副无法让步的样子，可心底早就设好了退让的底线，只是在观察你们的表现。

老实说，在筹备婚礼的过程中，我也有过“那干脆不要结婚好了”的想法，幸好，太太往往这时候就变得很有力量，会打醒我，叫我要振作一点。现在回想十几年前的婚礼规划，觉得当时有些想法真是很好笑，包括印了一大堆的喜帖，到现在都还剩几百张。

@人生想一想

从相恋到步入婚姻的过程，真是有点难以言喻，我觉得电影《一天》(*One Day*）中有一句台词说得很好：**“喜欢，是看到一个人的优点；爱，是接受一个人的缺点。”**有人说婚姻是爱情的坟墓，我觉得那是没有真正明白婚姻的真谛。这里指的不是表面的“结婚”这件事，而是两个人愿意一起生活，共同承担生活中的起起落落。

所以你和另一个人可能不一定有婚约，但是用这种方式过生活，那你们其实就是在过婚姻生活。相对的，如果你和一个人结了婚，但还是各过各的生活，也没有真正把对方放进人生规划中，那你们也还称不上结婚呢！

@午夜小提醒

喜宴存在的必要性，不只是为了收礼，而是提前做婚姻关系的压力测试。